プロブレムQ&A

原発は地球にやさしいか

［温暖化防止に役立つというウソ］

■

西尾　漠・著

緑風出版

プロブレムQ&A

目次

プロブレムQ&A

プロブレムQ&A

本文イラスト＝堀内　朝彦

プロブレムQ&A

I

原発が地球を救う——?

Q1 原発で地球の温暖化が防げるのですか？

「温暖化防止のために原子力発電を」とか、「地球に優しいエネルギー」と盛んに宣伝されています。ほんとうに温暖化防止に役立つのですか？

つづく大宣伝

二〇〇八年に入ってからだけでも、大宣伝がつづいています。一月九日には、日本国際問題研究所が、北海道・洞爺湖《とうやこ》町でのG8サミット（主要国首脳会合）に向けての政策提言「持続可能な未来のための原子力」を発表、原子力をCDMの対象とすることを訴えました。

原子力委員会は三月一三日、地球環境保全・エネルギー安定供給のための原子力のビジョンを考える懇談会《こんだんかい》（以下、原子力ビジョン懇談会）の報告書「地球温暖化対策としての原子力エネルギーの利用拡大のための取組みについて」（本書巻末に全文収録）を委員会決定とし、原子力の世界的な拡大に向けて取り組むことを宣言しました。七月一五日には同委員会で「地

日本国際問題研究所
外務省所管の財団法人。故吉田茂元首相により一九五九年に設立され、翌一九六〇年、法人認可。

CDM
クリーン開発メカニズム。詳しくは29ページの図参照。

原子力委員会
内閣府におかれ、原子力の研究・開発・利用に関する事項について企画・審議・決定する。安全確保に関する事項については所管外で、別に原子力安全委員会がおかれている。

球温暖化対策に貢献《こうけん》する原子力の革新的技術開発ロードマップ」(以下、「革新的技術ロードマップ」)がまとめられています。

四月一七日には日本原子力学会が「地球のためのクールエネルギー原子力」と題した声明を発表。三月二八日に閣議決定された「京都議定書目標達成計画」においても「原子力発電の着実な推進」が対策のひとつとされました。洞爺湖G8サミットを前に福田康夫首相(当時)が六月九日に発表した「福田ビジョン」、その権威《けんい》づけとも言える地球温暖化問題に関する懇談会が同月一六日にまとめた提言「『低炭素社会・日本』をめざして」(福田ビジョンと同題)でも、原子力発電は「低炭素エネルギーの中核」と位置づけられています。

サミットでは七月八日、宣言のなかに次の一文が盛り込まれ、「3Sに立脚《りっきゃく》した原子力エネルギー基盤整備に関する国際イニシアティブ」の開始が発表されました。

「我々は、気候変動とエネルギー安全保障上の懸念《けねん》に取り組むための手段として、原子力計画への関心を示す国が増大していることを目の当《ま》たりにしている。これらの国々は、原子力を、化石燃料への依存《いぞん》を減らし、し

日本原子力学会
企業・大学・研究機関などの原子力関係者により一九五九年に設立された学会。

地球温暖化問題に関する懇談会
有識者の参集を求めて福田首相(当時)が開催した懇談会。座長は奥田碩トヨタ自動車相談役・内閣特別顧問。

3S
保障措置(セーフガード)、安全(セイフティ)、セキュリティの英語の頭文字から名づけられたものだが、近藤駿介原子力委員長は、保障措置は核不拡散の手段でしかないとして、むりにSでそろえたことを批判している。発表文ではカッコ書きで核不拡散を加えて糊塗。

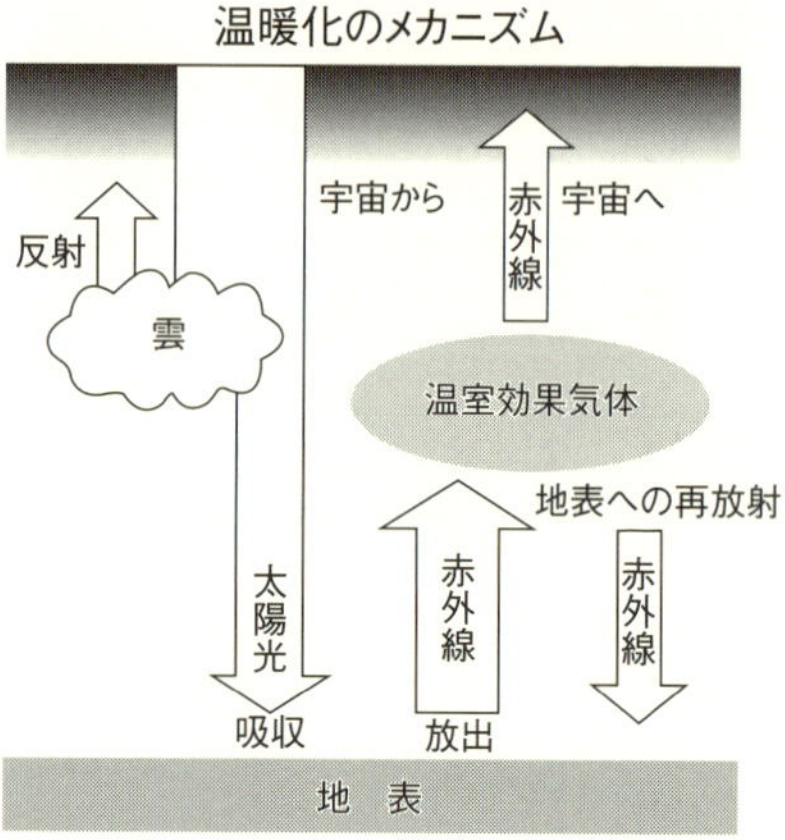

たがって温室効果ガスの排出量を減少させる不可欠の手段と見なしている。我々は、保障措置（核不拡散）、原子力安全、核セキュリティ（3S）が、原子力エネルギーの平和利用のための根本原則であることを改めて表明する。このような背景の下、日本の提案により3Sに立脚した原子力エネルギー基盤整備に関する国際イニシアティブが開始される。我々は、このプロセスにおいて、国際原子力機関（IAEA）が役割を果たすことを確認する」。

原子力を「温室効果ガスの排出量を減少させる不可欠の手段と見なしている」国と、そうでない国もふくめた「我々」とを微妙につかいわけた、苦心のほどがしのばれる〝名文〟です。

これを受けて七月二九日、「低炭素社会づくり行動計画」が閣議決定されています。

保障措置
核物質や原子力施設、それらに関する情報などが軍事目的に利用されないことを確保するための措置。

核不拡散
核兵器保有国が増えることを「核拡散」と呼ぶ。核拡散を防ぐのが核不拡散である。

核セキュリティ
核物質・放射性物質の盗取、盗取された核物質を用いた核爆弾や放射性物質を用いた「汚い爆弾」の製造、原子力施設や核物質・放射性物質の輸送等に対する妨害・破壊行為を防ぐこと。

国際原子力機関（IAEA）
原子力利用の推進と核不拡散のため、国際連合によってつくられた政

温暖化防止と原発

原発が温暖化防止に役立つというのは、「温室効果ガス」である二酸化炭素（CO_2）を少ししか出さないとされているからです。

地球の温暖化は、温室効果がその大きな原因だと考えられています。地球をとりまく大気中の水蒸気やCO_2、メタン、フロンなどの温室効果ガスは、太陽から地球にやってくる光は通しますが、その太陽光で暖められた地表から出ていく熱は逃がさず、その一部を大気の層の中に残します。そこからまた地表へと熱の一部が再放射されるのです。ちょうど温室のような働きをして、地球の温度を高めているわけです。

それ自体は悪いことではなくて、おかげで生物は、地球で生きていけるのだと言えます。現在の地球の平均気温はおよそ一五度だそうですが、温室効果がまったくなかったら、平均でマイナス一八度ほどの酷寒《こっかん》の世界になってしまうというのです。

ところが、大気中のCO_2などの量が増えてくると、温室の効果がききすぎて地球の温暖化がすすみ、さまざまな困った問題がおきてきます。急

府間機関。一九五七年発足。

二酸化炭素
CO_2。炭酸ガスともいう。無色無臭の気体。

メタン
CH_4。無色無臭の気体で可燃性。CO_2の二一倍の温室効果があるとされる。

フロン
クロロフルオロカーボン。メタン・エタンを塩素化・フッ素化したものの日本での総称。オゾン層を破壊するとして代替フロンがつくられた（代替フロンをふくめて「フロン」と呼ぶことも）が、フロンも代替フロンもCO_2に比べてきわめて大きな温室効果がある。

激な温暖化がすすめば、とりわけ大きな被害を受けることになる地域や社会階層への影響が懸念されます。

　さて、それではその温暖化防止に原発はほんとうに役立つのでしょうか。たしかに原発では、燃料のウランを「燃やす」と言っても、それはウランの原子核を核分裂させて熱を得ることの比喩《ひゆ》であり、CO_2は出てきません。火力発電所（火発）で化石燃料を燃やすのとは、大いにちがうわけです。

　しかし、それだけで温暖化防止に役立つと考えるのは、早計のようです。

核分裂

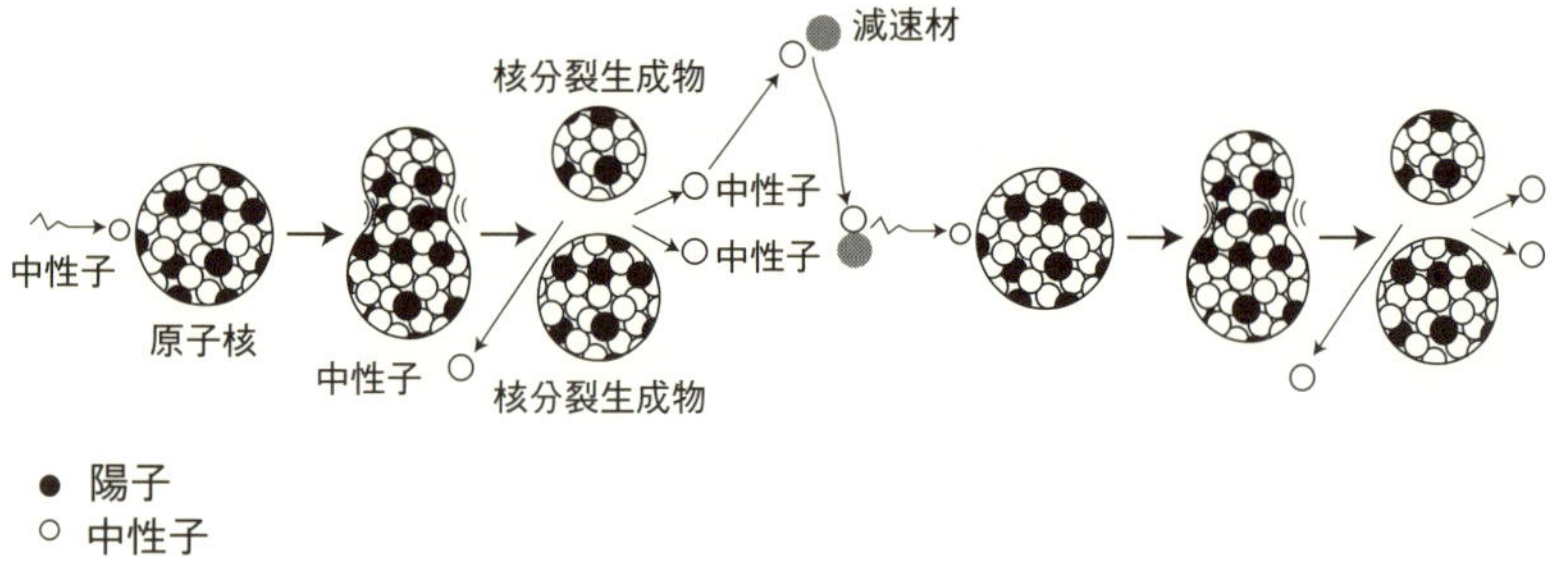

ウラン
　天然のウランは、九九・三パーセントのウラン‐238と〇・七パーセントのウラン‐235、ごくわずかのウラン‐234から成る。このうちウラン‐235は核分裂しやすいため、核兵器や原発の燃料に用いられる。

核分裂
　重い原子核が二つ（まれに三つ以上）の原子核に分裂すること。

化石燃料
　石炭や石油、天然ガスなど、古代の生物の死骸の化石とされる燃料。

Q2 原発のCO_2排出量は少ないのですか？

石油や石炭などの化石燃料を燃やすのとは違い、核分裂からはCO_2は出てこないから、原発のCO_2発生量は少ないということですか？

「ゼロ・エミッション」の正体

原発はCO_2を出さないというのも、原子炉内の核分裂だけの話です。ところが日本政府は、「原発はゼロ・エミッション電源」と、まったくCO_2を出さないかのように誤解《ごかい》させる呼び方をしています。そのうえで、「おかしいのでは」と指摘されると、「発電時にCO_2を出さないという意味だ」と弁解《べんかい》をしているのです。しかし、核燃料サイクルとその間の輸送をふくめて考えれば、CO_2の発生量が小さいということすら、かなり怪《あや》しくなります。

原発の建物や機器は鉄とセメントのかたまりですから、鉄やセメントをつくったり運んだりするのに、かなりの量のCO_2を出します。電力中央

ゼロ・エミッション
廃棄物や汚染物質等（ここではCO_2）の放出がゼロであること。

電源
発電所ないし発電設備。

核燃料サイクル
ウラン採掘から核燃料の製造、原子炉で燃やしたあとの使用済み燃料や放射性廃棄物の始末までの全過程。

電力中央研究所
電力技術研究・経済社会的研究のために一九五一年、電力会社が共同で設立した財団法人。

研究所が二〇〇〇年三月にまとめた報告書「ライフサイクルCO_2排出量による発電技術の評価によれば、一〇〇万キロワット級原発一基の建設に要する鉄鋼は八・七万トン、コンクリートは一〇六万トン（港湾施設などもふくむ）で、CO_2排出量はそれぞれ一三万トン、一二万トンとされていました。同じく一〇〇万キロワット級の石炭火発と比べて、鉄鋼で約二倍、コンクリートでは約三倍です。

ウランから燃料をつくるのにも、CO_2を出します。日本には商業的に利用できる品位のウラン鉱はなく、日本の原発の燃料となるウランは、すべてカナダやオーストラリア、アフリカ諸国などで鉱石を採掘《さいくつ》・製錬《せいれん》して取り出され、港まではトラックや貨車で、港からは船で、アメリカやフランスなどに送られて濃縮《のうしゅく》され（ごく一部は日本国内で濃縮）、船で日本国内の加工工場に運ばれてくるのです。そして核燃料に加工後、トラックや船で全国五五基の原発に輸送されます。

原発で燃やしたあとの使用済み燃料を再処理して燃えのこりのウランやプルトニウムを取り出し、利用しようとすれば、船で再処理工場に運ばれ、燃えのこりのウランは再び濃縮工場、そして燃料加工工場へ、プルト

核燃料サイクルの流れ

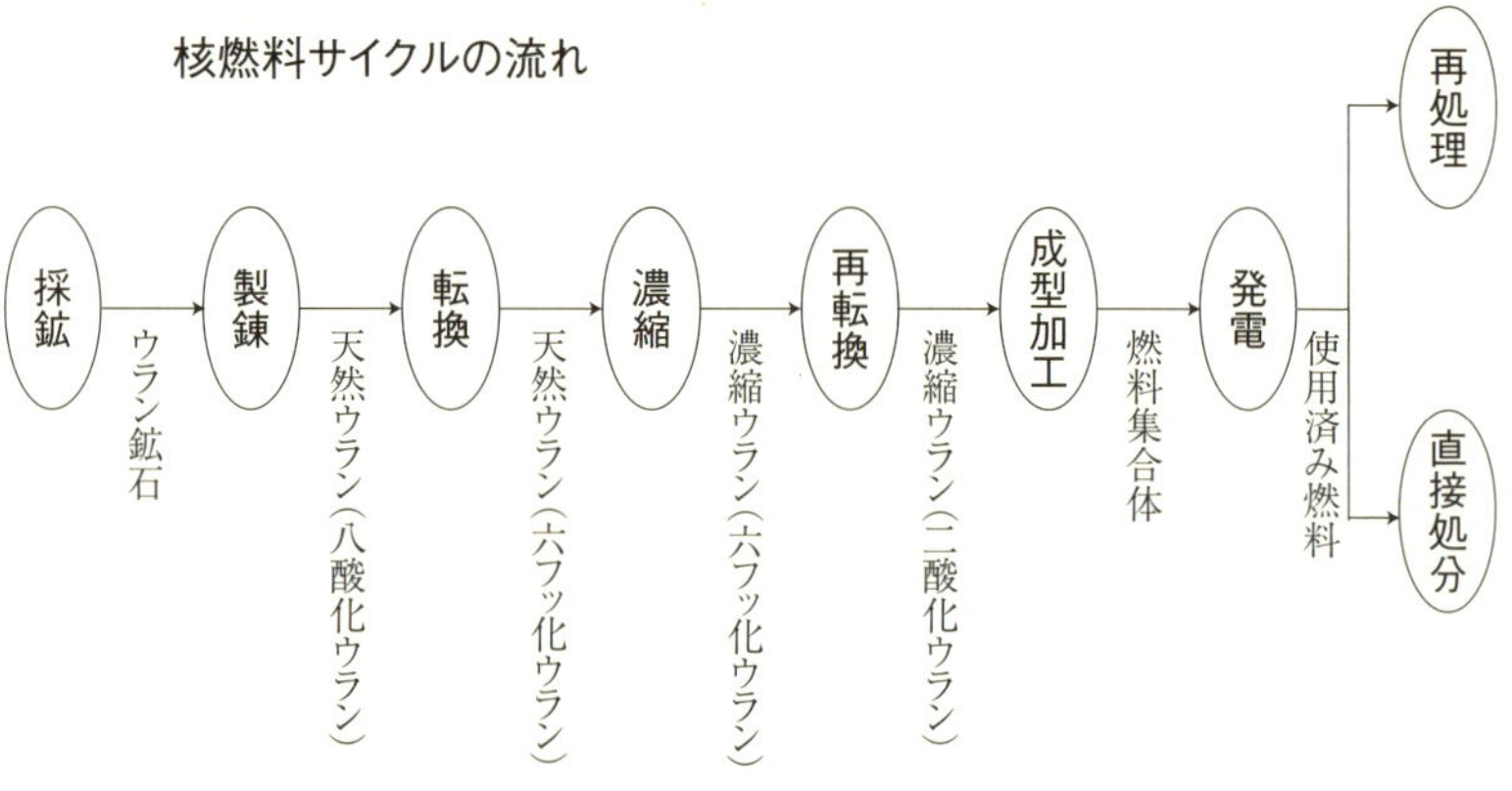

ニウムはＭＯＸ燃料加工工場へと運ばれます。それらの工場が再処理工場に隣接していれば輸送は無視できるでしょうが、それでもつくられた燃料は、やはり船やトラックで全国の原発に輸送されます。

再処理をしない場合にも、使用済み燃料は中間貯蔵施設へ、そして最終処分施設へと船などをつかって運ばれ、大量のセメントなどでつくられた処分場に処分されることになります。

再処理のあとにのこる高レベル放射性廃棄物《はいきぶつ》などの放射能のごみも、船などで処分場に運ばれ、処分されるといったあと始末が必要です。また、寿命が尽きた原発自体や関連施設の解体、放射性廃棄物のあと始末からも、CO_2が出てきます。

今後、ウラン資源が逼迫《ひっぱく》して質の悪いウランをつかわざるをえなくなれば、鉱石の採掘や製錬《せいれん》にともなうCO_2の排出量はさらに増えるでしょう。

高レベル放射性廃棄物の地層処分の概念図

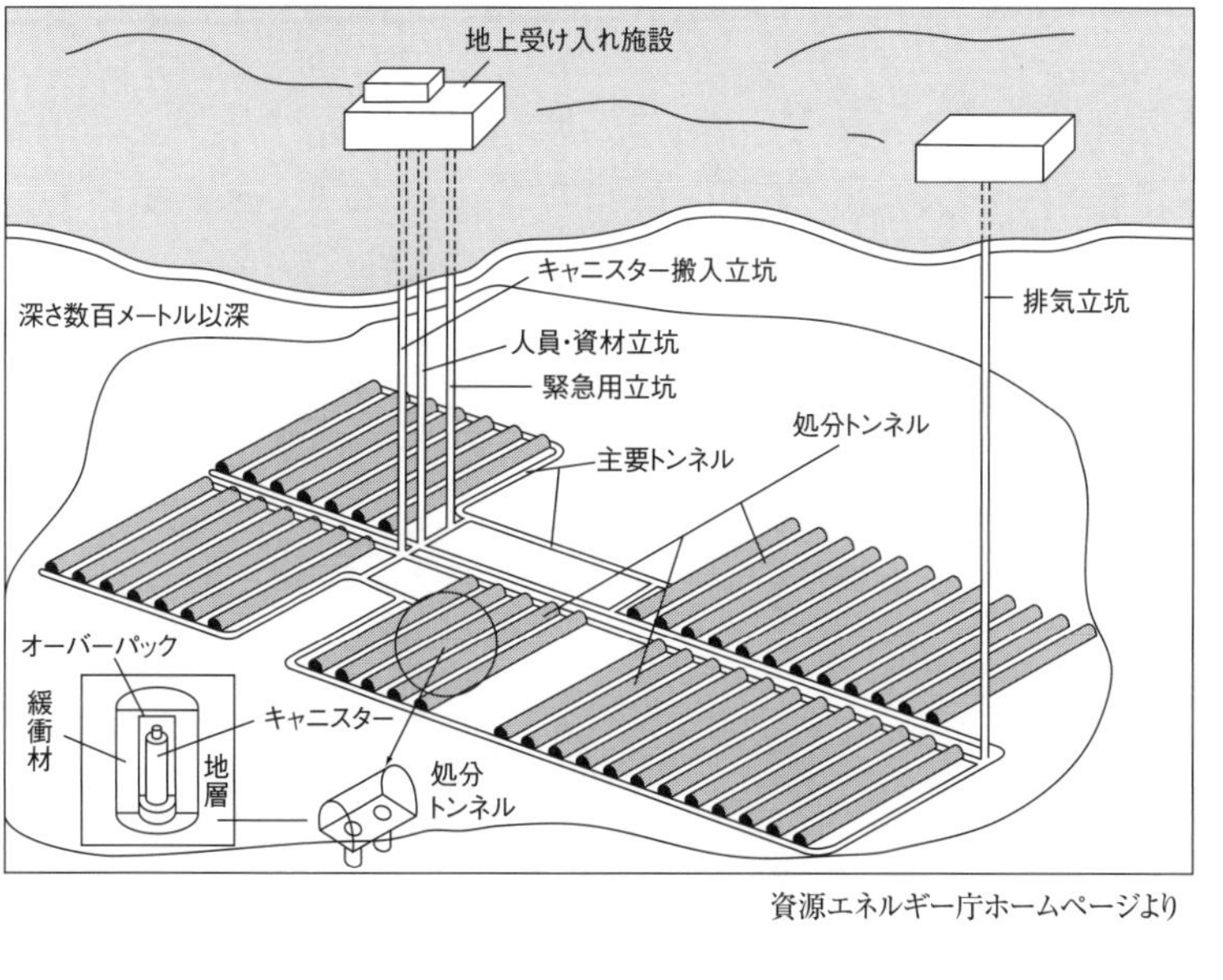

資源エネルギー庁ホームページより

原発のCO_2排出量も小さくない

ウラン採掘にともなう大量の残土や鉱滓《こうさい》から高レベル廃棄物までのさまざまな放射性廃棄物、廃炉や廃施設のあと始末をどれだけきちんとするかで、発生するCO_2の量の試算は、まるでちがったものになります。何十万年もの間、何回も施設をつくり直して放射能のごみを安全に管理しつづけようとすれば、それこそ厖大《ぼうだい》な量のCO_2を出すことになるでしょう。

そうせずに放射能のごみのあと始末は地下に埋めておしまいにするなら、原発が出すCO_2は少ないかもしれません。

図に示したのは、そうした評価の一例です。原子力委員会は前ページ図aを（正確に言えば図aのもとになった図を）、資源エネルギー庁は図bをつかっています。どちらも、ライフサイクルのひととおりは考慮されていることになりますが、それだけ複雑な計算となり、条件次第で大きな違いの出る可能性を否定できません。あくまで一例で、バイオマス発電の評価についてみれば、木質バイオマス（間伐材《かんばつざい》や木屑《きくず》、建築廃材などに由来するエネルギー源）は、つかうときにはCO_2を出すものの、森林がつくられるあい

製錬
ウラン鉱石からウランを取り出し、燃料としてつかえる状態にすること。

濃縮
核分裂しやすいウラン‐235の割合を高めること。核燃料用には三〜五パーセント、核兵器用には九五パーセント以上に濃縮する。

核燃料
ウランを焼き固めてつくった粒状のペレットを金属の燃料棒に詰め、束ねて燃料集合体としたもの。

再処理
使用済みの核燃料を切断、硝酸に溶かして核分裂生成物（高レベル放射性廃棄物）、ウラン、プルトニウムを分離・抽出する化学処理のこと。

プルトニウム
原子炉内でウランが中性子を吸収することで生まれる。プルトニウム‐239は核分裂をしやすいため、

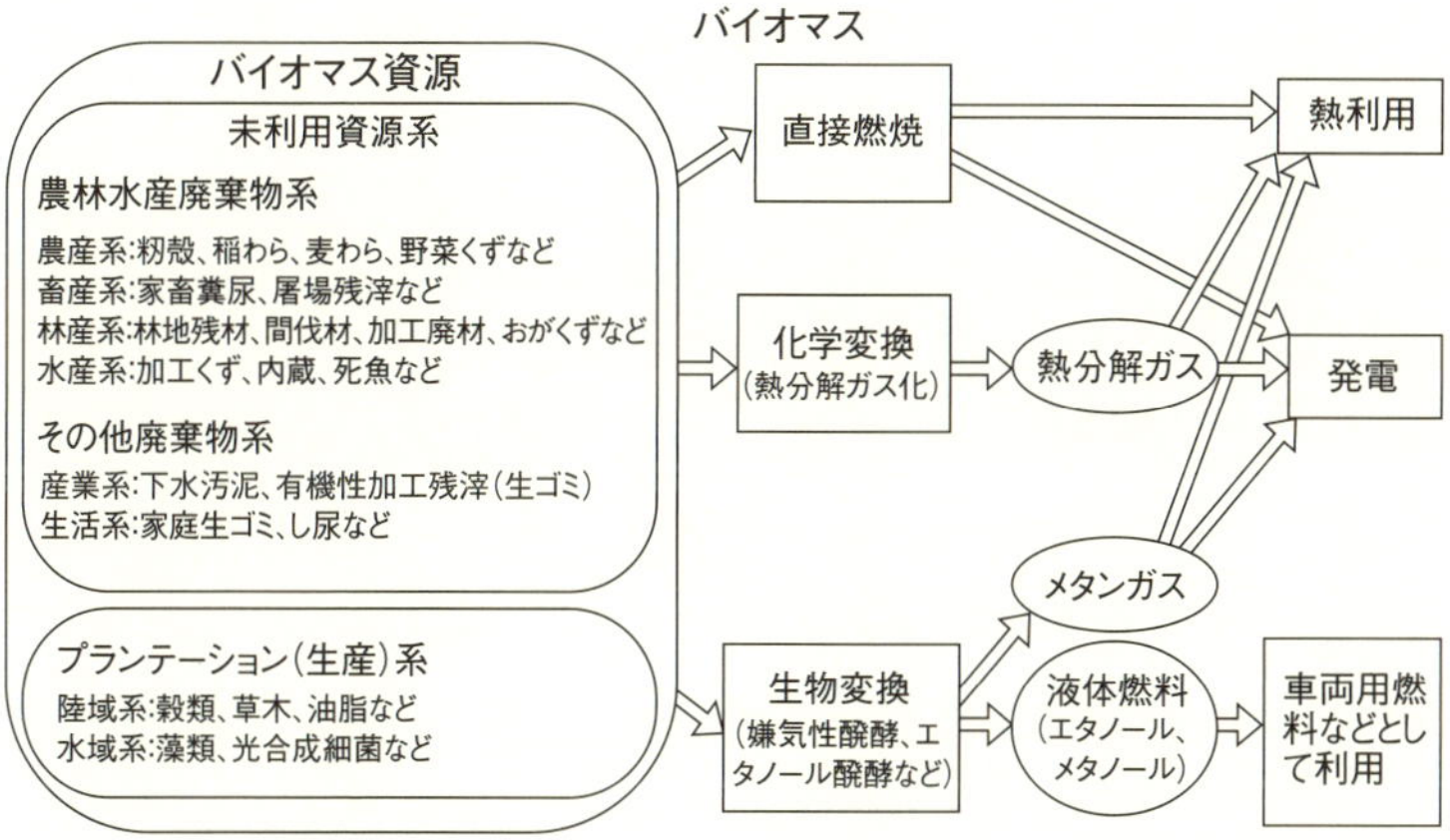

従来型システムとコージェネレーションの効率の比較（数値は一例）

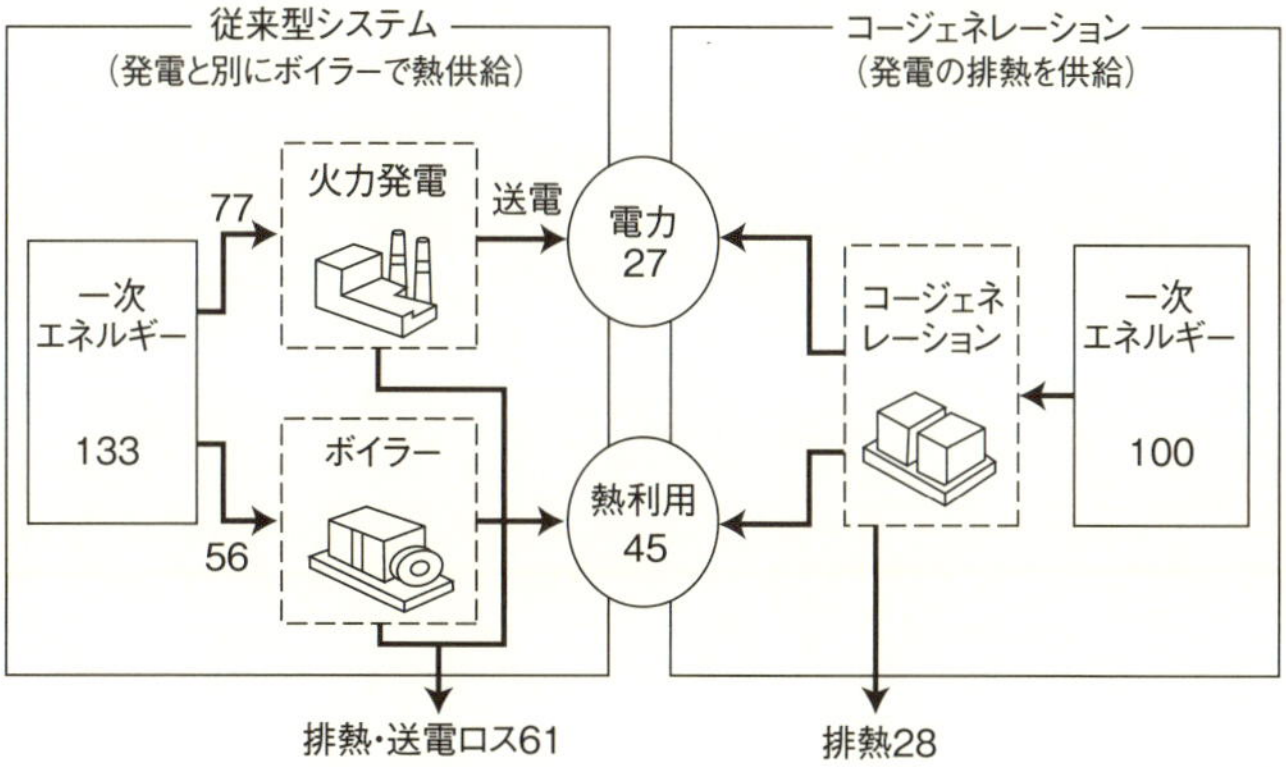

核兵器や原発の燃料につかわれる。

ＭＯＸ

「混合酸化物」を意味する英語の略称。具体的にはプルトニウムとウランの混合酸化物をいう。ＭＯＸを焼き固めてＭＯＸ燃料とする。

残土

ウラン鉱石を採掘する際に掘り出され、ウランの含有率が低いために捨てられる石や土など。

鉱滓

鉱石中のウランを取り出したあとの廃棄物。ウランから生まれたさまざまな放射性物質をふくんでいる。

地下に捨てておしまい

放射性廃棄物は、放射能のレベル等に合わせた深度の地中に処分すればよいとされている。高レベル放射性廃棄物も、三〇〇メートル以深の地層中に処分すれば、その後の管理は不要という乱暴な考え。

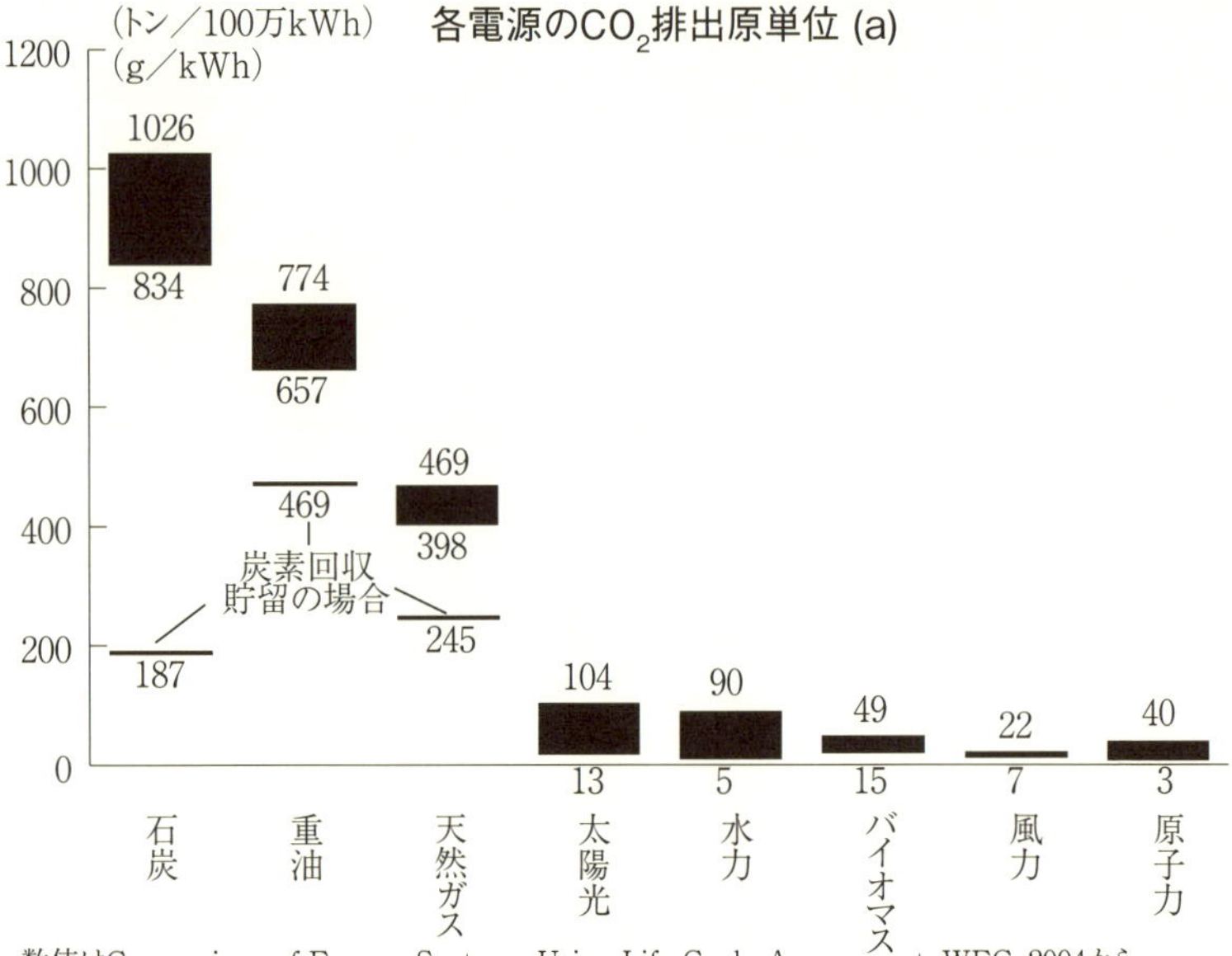

数値はComparison of Energy Systems Using Life Cycle Assessment, WEC, 2004から
原子力委員会地球環境保全･エネルギー安定供給のための原子力ビジョンを考える懇談会報告書
(2008年3月)参考データより作成

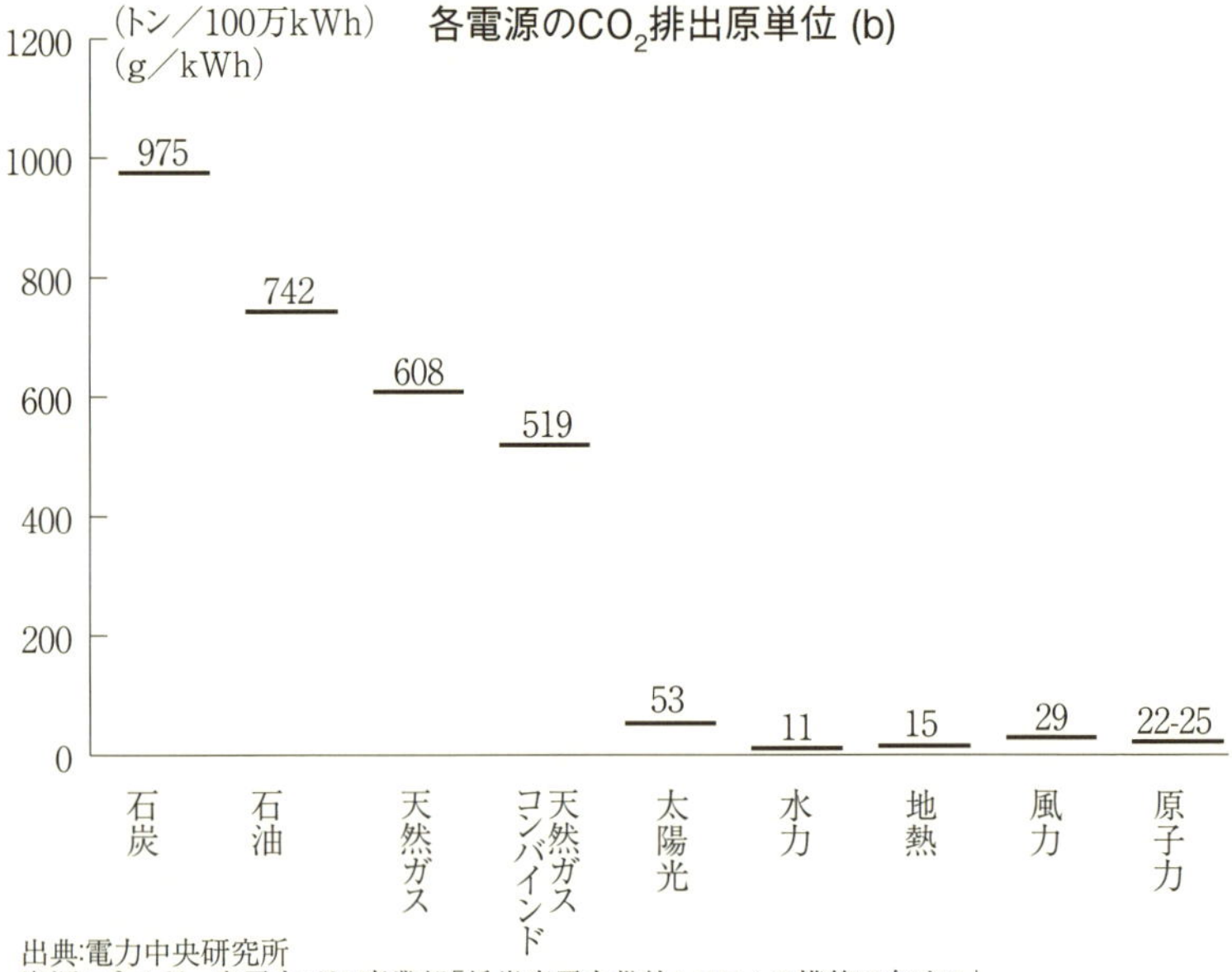

出典:電力中央研究所
資源エネルギー庁電力･ガス事業部「低炭素電力供給システムの構築に向けて」
(2008年7月8日)より

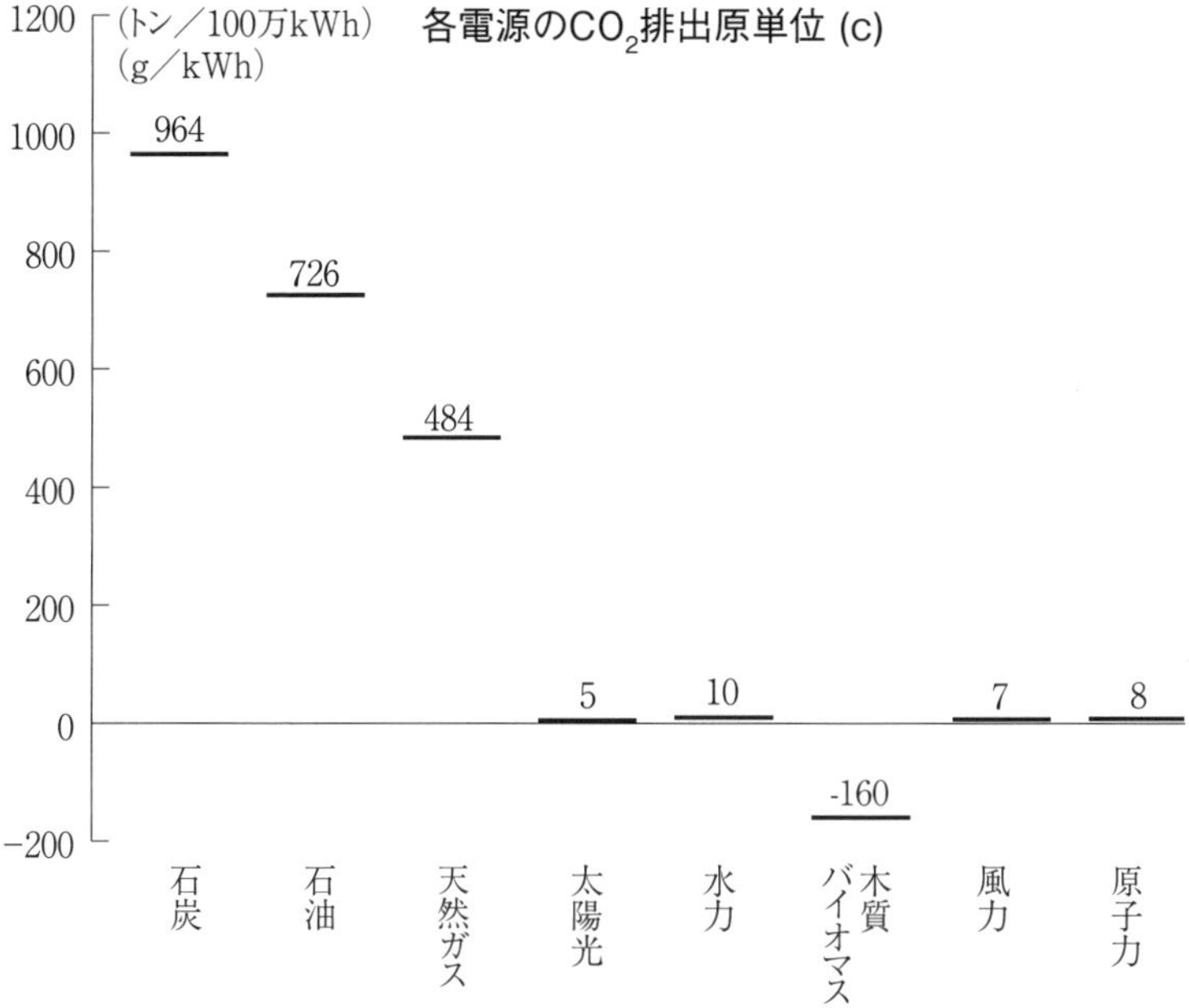

European Commission, DG-Energy (1999), Wind energy-the facts Volume4, The Enviromentより作成

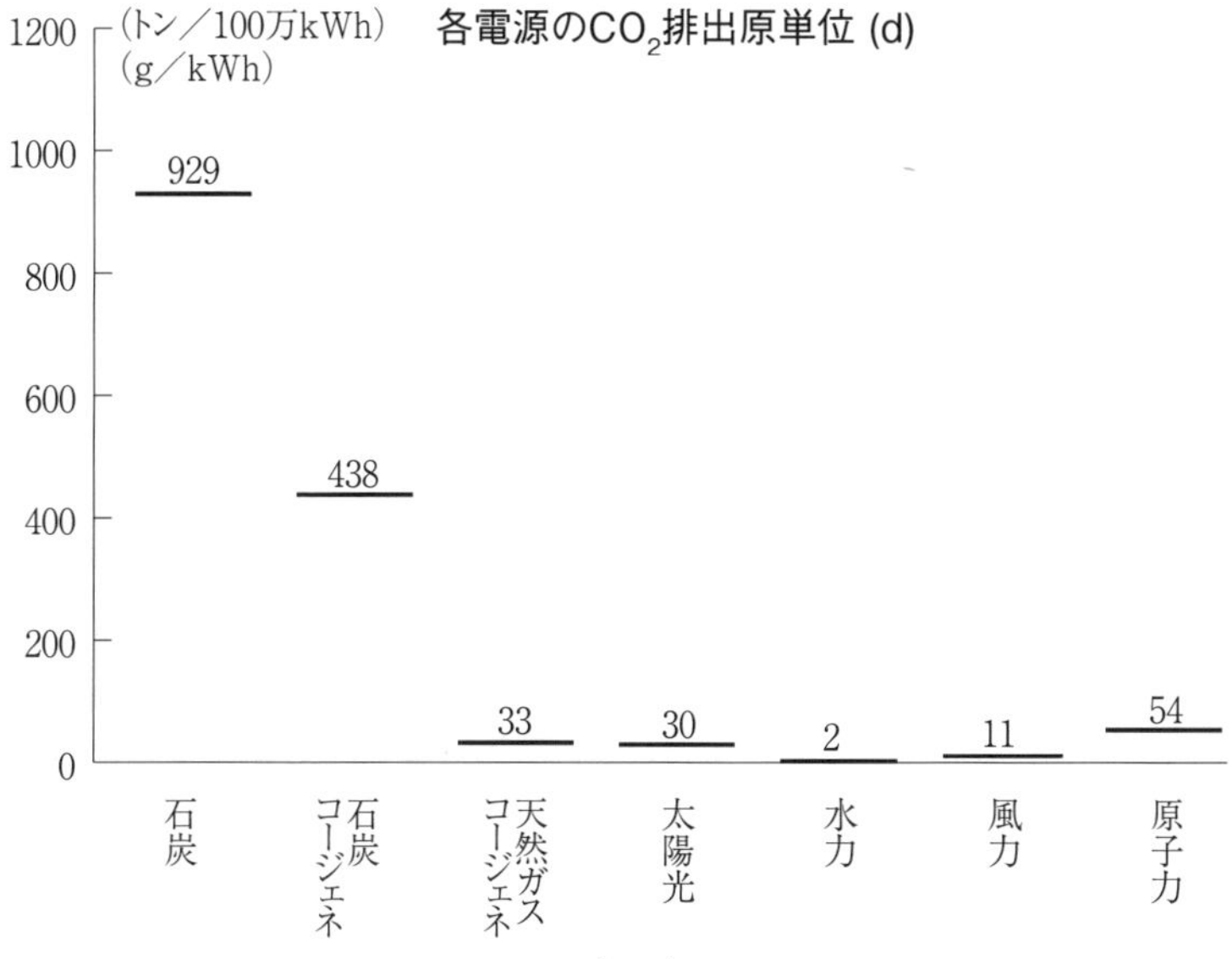

Oeko Institute data cited in Bossong, Ken (1992)
"Global Warming : Impacts of Competing Energy Techndugy" SunDay : 4より作成

だに炭素を固定しているため、差し引きすると排出はマイナスというECの試算（図c）などもあります。
また、原発からの排熱は、一部の熱供給炉を除けば捨てられるのがふつうなのに対し、天然ガスやバイオマス発電では排熱も利用するコージェネレーションが可能です。熱利用までふくめて考えると、天然ガスと原子力のCO_2排出量はほとんど変わらなくなるかもしれません。
日本エネルギー経済研究所の鈴木利治研究員（当時）は『原子力工業』の一九八三年三月号で、揚水《ようすい》発電所のコストを原発のコストにふくめて考えることを提唱していました。揚水発電所は、山の上と下などに二つのダムをつくってその間を管で結び、電気が余っているときにその電気を動力として下のダムの水を上のダムに汲み上げ（揚水）、電気を必要とするときに上から下に落として水力発電をする発電所です。雨が少なくふつうのダムには水がないときでも、揚水発電所なら水を蓄えておいて発電をすることができると言われますが、実際には、発電より揚水の機能のほうが重要視されています。
原発がフル出力で動きつづけていると、どうしても電気が余ってしま

もとになった図
図aより詳細なもので、巻末資料（一四五頁）にある。

資源エネルギー庁
通商産業省（現・経済産業省）の外局として、一九七三年に発足。エネルギー政策の推進と規制の両方を所管していたが、二〇〇一年の中央省庁再編に伴い、規制行政は独立して原子力安全・保安院となった。

バイオマス
エネルギー源として利用される生物体（植物や動物の糞尿など）。

EC
欧州委員会。欧州連合（EU）の行政執行機関。

熱供給炉

うときがあります。送り先がないままに発電をつづけることはできないので、原発はたちまち自動的に停止してしまいます。それは困るので、そんなときの「電気の捨て場」として、揚水発電所は利用されているのです。このため、出力調整がむずかしい（→Q16）原発の弱点を補うものとして、原発とセットにして揚水発電所がつくられています。一九八一年六月四日付の電気新聞には「原子力に欠かせぬ揚水発電」と書かれていました。

だから揚水発電のコストは原発のコストにふくめられるべきだという鈴木さんの主張には、説得力がありました。CO_2の発生量をカウントする際にも、同じ考えかたが採用できると思います。そうなるとやはり原子力からのCO_2発生量はかなり大きくなりそうです。

電気とともに熱（温水、蒸気など）を地域に供給するコージェネレーション原子炉。スイスのベツナウ原発など。

コージェネレーション
電気と熱をあわせて供給すること。

日本エネルギー経済研究所
一九六六年に設立、当時の通商産業省（現・経済産業省）により認可された財団法人。

出力調整
電力需要の変動に合わせて発電出力を上げ下げすること。

Q3 原発はCO_2の排出削減に貢献してきたのですか？

原発が温暖化防止に役立っている、と政府や電力会社などは主張しているようですが、ほんとうですか？　実際はどうなのですか？

役立っていると見せるしかけ

電気事業連合会は、二〇〇六年度の日本の原子力発電の発電量である約三〇〇〇億キロワットアワーを仮に石炭火発と石油火発で発電した場合、CO_2の排出量が二億三五〇〇万トン増えて、発電によるCO_2排出量が六億トンになると試算しています。

また、原子力ビジョン懇談会がまとめた報告書では、世界の原発について、「原子力発電の代わりに火力発電を利用したとすれば、最も温室効果ガス排出量が少ないLNG複合サイクル発電を用いた場合でも、世界の二酸化炭素排出量は、年間一一億トン（二〇〇五年の世界総排出量の四％）増大することになる」とありました（巻末資料一四六頁）。

LNG複合サイクル発電
LNGは液化天然ガス。複合サイクルはコンバインドサイクルとも呼ばれ、ガスタービンと蒸気タービンを複合させて効率を高めた発電方式をいう。

さらに将来、現在の設備容量である約三億七〇〇〇万キロワットが七億キロワットの規模になれば、「年間二〇億トンの二酸化炭素排出量低減がもたらされ、より低い安定化濃度の達成に大きな貢献をなすことになる」と。

それらの計算は、すべて、原発があるぶんだけ火発はなくてよいことを前提としています。たしかに、仮に原発のCO_2排出量が小さいという考えかたを受け入れたとしても、温暖化防止に役立つには、原発を増やせば火発が減るのでなくてはなりません。ところが実際には、原子力発電を増やすのとならんで火力発電も増やされています。いや、むしろ火力発電こそを増やしたいのが、電力会社の本音です（→Q18）。なぜなら、火力発電のほうが確実に早く投資コストを回収できるし、何よりつかい勝手《がって》がよいからです。

そう考えると、原発と火発のどちらがCO_2をよけいに出すかと比べること自体、意味のないことだとわかるでしょう。比べるべきは、原発を増やしていく社会と減らしていく社会では、どちらがCO_2の排出削減により有効なのか、なのです。

コンバインドサイクルの1例

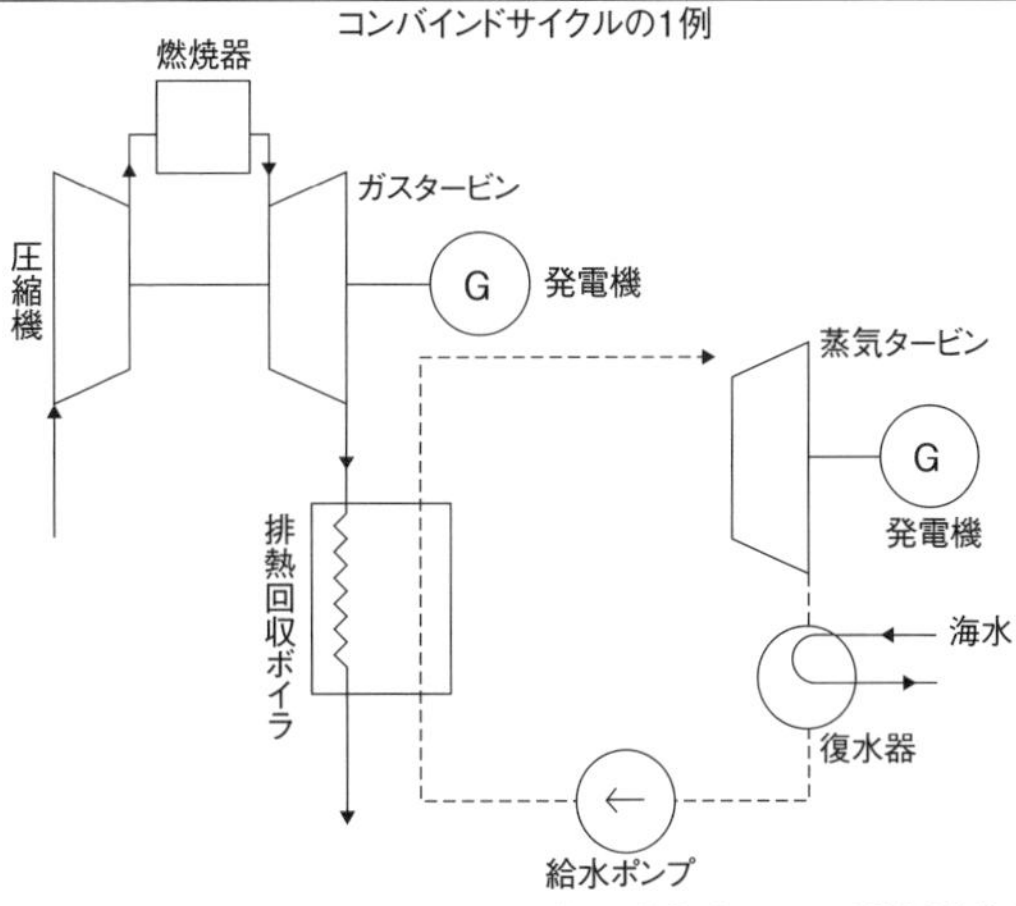

茅陽一他『エネルギーの百科事典』（丸善）より

さて、電気事業連合会や原子力ビジョン懇談会の計算のもうひとつの前提は、「原子力発電の代わりに省エネをしよう」とは決して考えないことです。もちろん、火発の代わりに省エネをとも考えません。そんな発想でCO_2の放出量を抑えられないのは、火を見るより明らかと言えます。

原子力発電が地球の温暖化を防げるなどという宣伝の化けの皮は、はじめからあらわになっています。

Q4 「原子力CDM」とは何のことですか？

原子力をクリーン開発メカニズム（CDM）の対象にと、原発を推進する人たちは言っています。これは、どういうことですか？

CDMとJI

一九九七年に京都で開かれた第三回気候変動枠組み条約締約国会議（COP3）で、いわゆる京都議定書が採択されました。そのなかで設けられたのが、他の国に投資をして実施した事業による排出《はいしゅつ》削減《さくげん》量《りょう》を、投資国の削減実績とみなす京都メカニズムです。クリーン開発メカニズム（CDM）は、「開発途上国」での共同プロジェクトが対象です。「先進国」同士の共同プロジェクトは共同実施（JI）と呼びます。どちらでも、原子力発電は対象になっていません。というか、二〇〇一年にモロッコのマラケシュで開催された第七回気候変動枠組み条約締約国会議（COP7）で採択された京都議定書の運用ルールであるマラケシュ合意では、「原子力施設に

気候変動枠組み条約
一九九二年にリオ・デ・ジャネイロで開かれた環境と開発に関する国際連合会議の期間中に採択された国際条約。九四年発効。

COP3
COPは締約国会議の英語の略称だが、ここでは気候変動枠組み条約の締約国会議をあらわすものとして用いられている。数字は第何回の会議であるかを示す。

より発生する排出削減単位」をCDMやJIにつかうことは「控えるべき」と定められています。

日本政府は、この合意を反故《ほご》にし、原子力をCDMやJIに加えるよう働きかけを強めているのです。原子力ビジョン懇談会の報告書にも、「我が国は、国際社会に対し、次の働きかけを積極的に行う」としたひとつに「原子力エネルギーをクリーン開発メカニズム（CDM）や共同実施（JI）等の対象に組み込むこと」がありました。

しかし他国への原子力技術移転は、公害輸出にほかならず、核拡散にもつながります。

二〇〇八年六月末に日本で開かれた「ノーニュークス・アジアフォーラム二〇〇八」の参加者たちは、洞爺湖サミットの一週間前にあたる七月一日、次のように求める要望書を経済産業省と外務省の官僚たちに手渡しました。①日本をはじめとする原子力産業をかかえる国々は、原発やその原子力技術をアジアなどの海外へ輸出することを許可したり、支援したりしないこと、②海外、とくに「途上国」へのエネルギー技術移転は、省エネ技術や自然エネルギー技術とし、原子力技術を含まないこと、③原子力

京都議定書
COP3で採択された議定書で、先進国に対し温室効果ガス削減の数値目標達成を義務づけた。

京都メカニズム
京都議定書に盛り込まれた温室効果ガス削減目標の達成を容易にするためのしくみ。（次ページに図解）

ノーニュークス・アジアフォーラム
日本からアジアへの原発輸出を防ぎ、核も原発もないアジアをつくろうと一九九三年に設立された国際ネットワーク。

自然エネルギー
太陽エネルギーや海洋エネルギー、バイオマスなど、自然界にあるエネルギー。再生可能エネルギーとほぼ同義に用いられる。

京都メカニズムの概要

[1]排出量取引
・ 先進国間で排出枠を移転。
・ 先進国全体の総排出枠は変化しない。

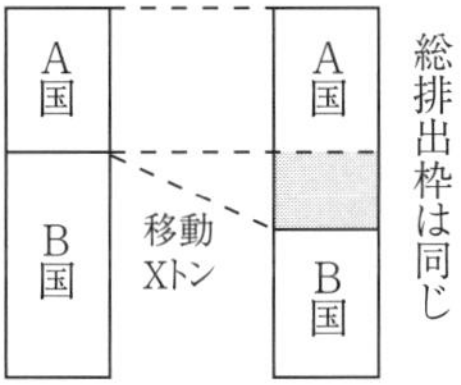

[2]共同実施
・ 先進国間で温室効果ガス削減事業を実施、その結果生じた削減単位をホスト国から投資国に移転。
・ 先進国全体の総排出枠に影響を与えない。

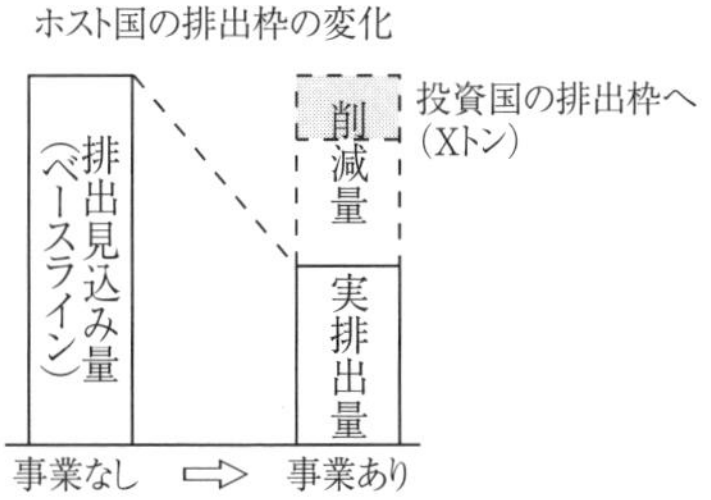

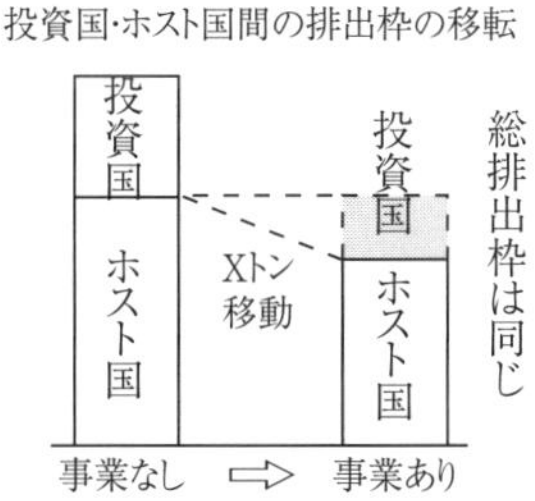

[3]クリーン開発メカニズム
・ 先進国が途上国（非附属書Ｉ国）において実施された温室効果ガスの排出削減事業から生じた削減分を獲得することを認める制度。総排出枠は増加。
・ 先進国は削減分を目標達成に活用、途上国にとっても、投資と技術移転の機会。

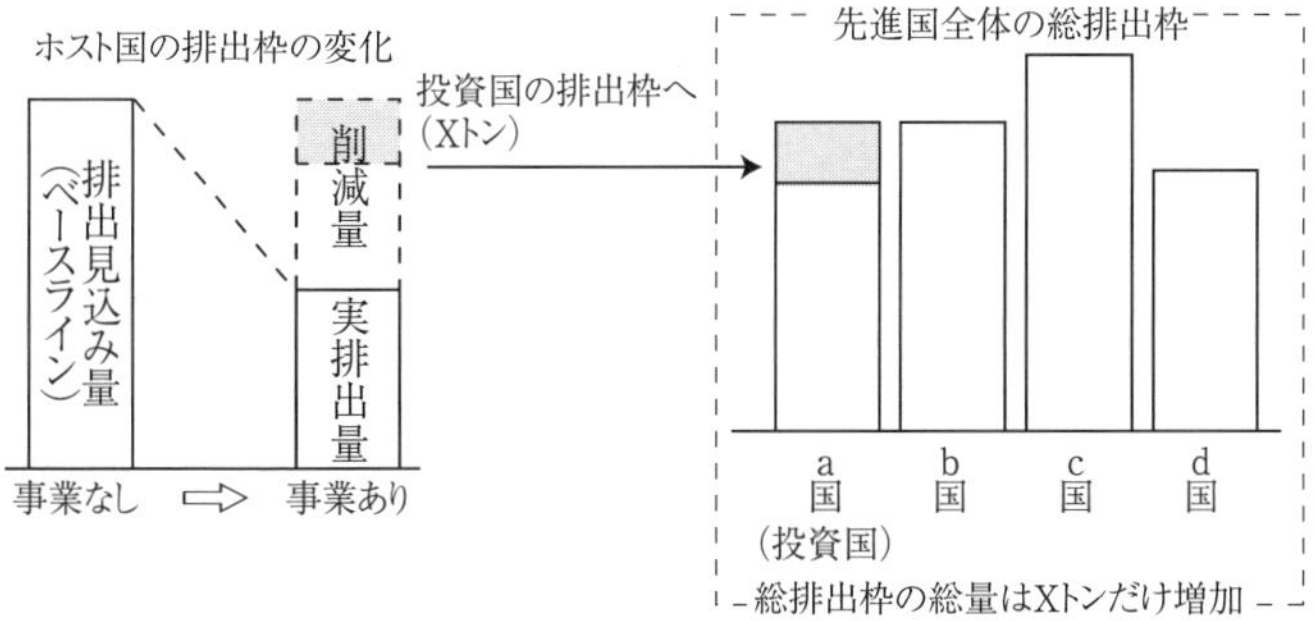

に頼る地球温暖化対策とエネルギー政策から、自然エネルギーの導入・普及を主柱とする政策へと転換すること、④地球温暖化を抑止するための資金支援は、原発計画には投じないこと、⑤地震などが大事故を引き起こすリスクを回避《かいひ》するため、既設原発は早期に閉鎖し、新規建設は中止すること。

どこまで本気なのか

もっとも、原発推進者たちがどこまで本気でＣＤＭに原子力を加えたがっているかには、疑問なしとしません。二〇〇八年一月一七日付の原子力産業新聞に掲載された新春特別座談会「洞爺湖Ｇ８サミットへの道標―『原子力と向き合う』」では、むしろ反対の理由を欲しがっているかのような、こんな消極的な発言がありました。

甘利《あまり》（明・経済産業大臣＝当時）：ＣＤＭでは実際に排出されるＣＯ$_2$の量がすぐにも変わるので、その減少分をきちんとカウントできる〝客観的物差し〟が必要になる。ただし、物差しに関する合意や、ＣＤＭの対象になる原子力を織り込んでいくための合意を得るには、やはりまだ相当の努力が必要だと思う。

勝俣《かつまた》（恒久・電気事業連合会会長＝当時）：「原子力ＣＤＭ」とよく言われるが、選択肢《せんたくし》が広がるという意味合いではいいが、甘利大臣が言われたように、定義そのものが非常に難しいと思う。投資といった意味で割り切ればまた一つのあり方だが、いろいろな技術協力等々をどう見るかとなるとたいへん難しいので、よく議論しながら考えていく必要がある。一足飛びに「原子力ＣＤＭ」が実現するとは考えていない。

なお、原子力ビジョン懇談会の第四回会合では、東京大学大学院の田《た》中知《なかさとる》教授が「普通の代替エネルギーとか新エネルギーの協力と違って原子力の場合には一〇〇〇億とか二〇〇〇億とか巨額の金がかかるわけで、当然、日本の協力といっても部分的な協力にとどまるわけで、そのような場合にどのようにして協力した国の貢献をはじくのか、技術的には難しい問題があると思います」とも述べていました。

電気事業連合会
　北海道から沖縄までの一〇電力会社の連合体。

新エネルギー
　再生可能エネルギーのうち、その普及のために支援を必要とするもの。大規模水力をのぞく自然エネルギーやごみ発電など。

プロブレムQ&A

Ⅱ

原発の危険性をどう見るのか

Q5 放射能を出す原発に地球を救えるのですか?

仮に原発の出すCO_2が少ないとしても、それだけで地球にやさしいと言えるのですか? 危険性のほうがずっと大きいと思うのですが?

放射能のごみの山

そもそも放射能を生み出す原発が、地球環境にとって好ましいものであるはずもありません。

東京電力から海外電力調査会の研究員に転じた玉貫滋《たまぬきしげる》さんは、『海外電力』一九八八年一一月号で「石炭を減らして原子力を増やせばCO_2発生量は減少するが、代わりに高レベル放射性廃棄物が増大しよう」と書いていました。増えるのは、〝高レベル〟廃棄物に限りません。いや、〝低レベル〟と呼ばれるものでさえ人体にとってはおそろしい毒物なのですから、放射性廃棄物は、その全体が本来の意味で〝高レベル〟です。

つまり原発を動かせば必ず、高レベル、極高レベル、超高レベルの放射

海外電力調査会

電力会社が共同で一九五八年に設立した海外の電力事情の調査機関。国際交流や海外研修生の受け入れなども行なっている。

性廃棄物が発生します。核燃料をつくるにもあと始末をするにも、放射能のごみの山が築かれるのです。そして、寿命《じゅみょう》が尽きたあとの原発や核燃料サイクル施設が、それ自身、巨大な放射能のごみとなります。解体する作業のために新しく発生する廃棄物もあります。（本書と同じシリーズの拙著『どうする？　放射能ごみ』参照）。

原発や核燃料サイクル施設で大事故が起これば、大量の放射能が環境に放出されることは、言《げん》を俟《ま》たないでしょう。

原発をすすめる人たちは「日本の原発では大事故は起きない」と言いますが、むしろそうした根拠のない思い込みこそが大事故を準備していると言えます。

確かに幸いにして放射能災害は免れましたが、一九八九年一月には福島第二原発三号炉での再循環ポンプ破損事故、九一年二月には美浜原発二号炉での蒸気発生器細管ギロチン破断事故と、「起こらないはず」だった事故が相次ぎました。九五年一二月には「もんじゅ」ナトリウム漏洩火災事故、九七年三月には東海再処理工場アスファルト固化施設火災爆発事故、さらに九九年九月のＪＣＯ臨界事故へとエスカレートし、と

核燃料サイクルと放射性廃棄物発生量　100万kW.1年

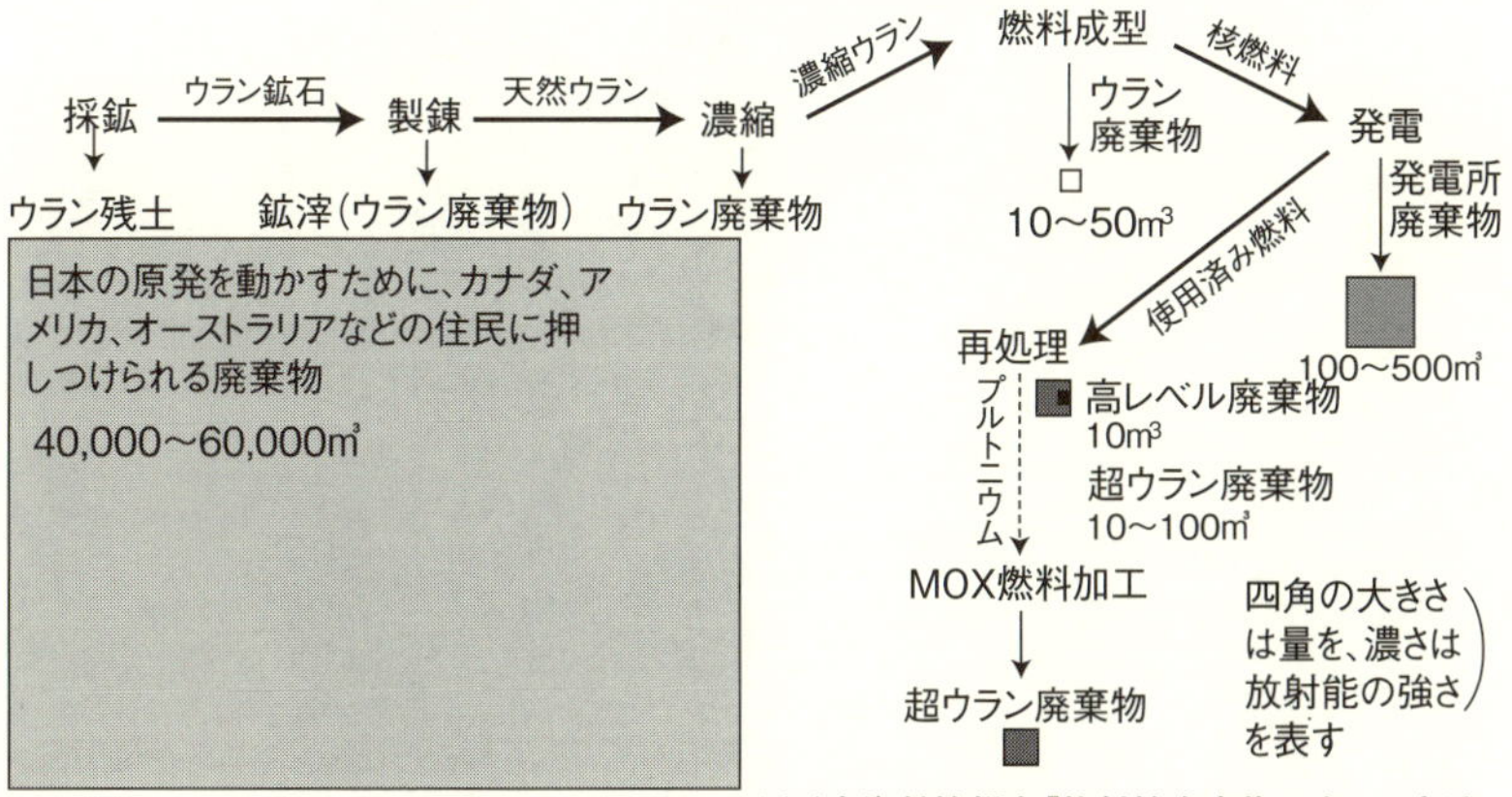

原子力資料情報室『放射性廃棄物のすべて』より

うとう大量の放射線（中性子線）被曝をもたらすに至り、二人の方が亡くなられました。二〇〇四年八月には美浜原発三号炉で配管の破断事故があり、五人の方が火傷で亡くなられました。

そして二〇〇七年七月一六日、新潟県柏崎市・刈羽《かりわ》村を中心とする広範な地域を襲った新潟県中越沖地震は、一五人の死者、一三〇〇棟を越す住宅全壊等々の甚大《じんだい》な被害をもたらしました。東京電力の柏崎刈羽原発では、四基の原子炉が緊急停止し、休止中だった三基と合わせて七基の原子炉すべてが運転不能となりました。

地震によって変圧器の火災、放射能汚染水漏れ、放射能の海や大気への放出、機器の損傷などが同時多発的に起きました。職員は発電所内の随所《ずいしょ》で発生したトラブルの対応に忙殺《ぼうさつ》され、混乱し、火災の消火もままなりませんでした。

消防署への直通電話のある部屋の扉がゆがんで中に入れず、つかえませんでした。敷地内の道路は陥没《かんぼつ》したり段差ができたりで通行を妨げました。環境の放射線レベルを住民に知らせるシステムも、地震の影響でデータが送れなくなりました。

原発事故と震災が重なり合って避難や救護や原発の事故処理が困難となり、放射能被害と地震被害をより大きくする「原発震災」が警告される中、柏崎刈羽では、いわばそのミニ版が現実に起きたと言えるでしょう。混乱の様子からは、本格的な原発震災ともなればとうてい対処しえないことが如実《にょじつ》に示されました。

「何重もの安全装置」があったところで、大地震は、それらを一気に共倒れさせてしまうに違いありません。中規模の地震であり、原発からはなお距離があったため、幸いにも放射能災害には至りませんでした。

とはいえ、そんな地震ですら、原子炉設置許可時の安全審査で想定された「およそ現実的でないと考えられる限界的な地震による地震動」（資源エネルギー庁編、原子力発電技術機構発行『原子力発電所の耐震安全性』）を軽々と超えてしまったのです。

幸か不幸か日本の原発は、地震の静穏期《せいおん》につくられ、巨大地震を経験せずにきました。しかし、もともと日本は世界でも屈指《くっし》の地震国です。そのことは、世界の地震分布図に一目瞭然《いちもくりょうぜん》です。それがいま、日本列島はほぼ全域で大地震の活動期に入りつつあるというのです。

原子力発電技術機構
　一九七六年発足の財団法人「原子力工学試験センター」を九二年、事業拡大に伴って改称。二〇〇三年、独立行政法人「原子力安全基盤機構」の設立に伴い、国からの委託業務はすべて同機構に移管された。〇八年解散。

すすむ老朽化

おまけに、各原発とも老朽化《ろうきゅうか》がすすんでいます。原発の寿命は、以前は三〇年と言われていました。それがいつの間にか四〇年に延ばされ、六〇年でも、あるいは一〇〇年でもと言われだしています。その当初想定寿命の三〇年を超えて運転される原発が二〇〇八年末には一七基にもなります。うち四基は三五年をも過ぎました。

原発は、おびただしい数量の部品で構成されています。たとえば一一〇万キロワット級の沸騰水型原発の場合では、熱交換器約一四〇基、ポンプ約三六〇台、弁約三万個、電動機約一三〇〇台、計器類約一万個などなどといったぐあいです。配管の総延長は八〇キロメートル、ケーブルは一四四〇キロメートルともいわれます。

熱や放射線の強い影響のもとでつかわれるこれらの部品が、さまざまに老朽化するのは想像がつくでしょう。そこで、劣化の兆候《ちょうこう》を検知して交換するのですが、検知するのがそもそも難問です。また、交換できるものば

世界で運転中の原発の年齢
（2008年6月現在、IAEA調べより）

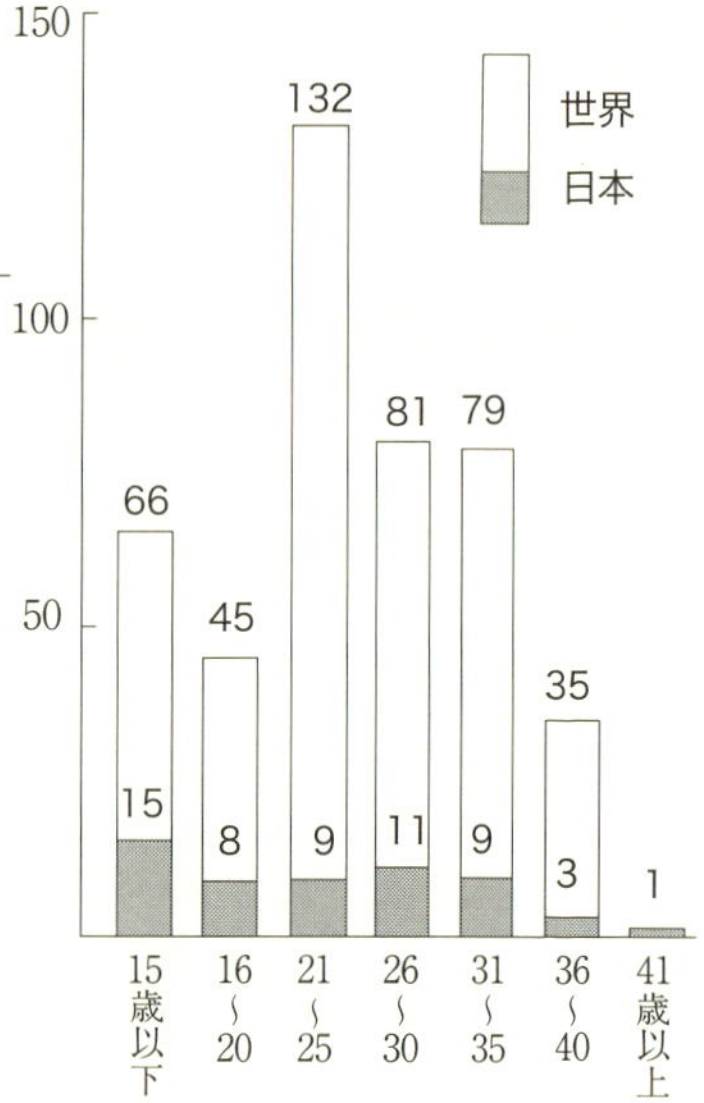

沸騰水型原発
原子炉内で冷却水を沸騰させて、タービンを回す蒸気をつくるタイプの原発。加圧水型原発では、沸騰水型異常に高い圧力をかけて沸騰を抑え、蒸気発生器で蒸気をつくる。

定期検査
原発などで定期的に行なうことが法に定められている検査。

かりとは限りません。

そこに、定期検査期間の強引な短縮が追い討ちをかけます。コストを少しでも下げるためのもので、いきおい検査に時間をかけられないということになります。それはまた、夜間作業の増大や超過密労働をもたらし、肉体的疲労ももちろんですが、コミュニケーションの不足が人為ミスを招きます。さらに作業の合間にベテランからいろいろと教えてもらうという形での技術の継承《けいしょう》も難しくしています。そのベテランたちの退職が、人為ミスの続発につながっています。

柏崎刈羽原発では二〇〇五年五月、「一年間に発生した人為ミスは三六〇件」と、東京電力が発表しました。平均すれば、ほとんど毎日起きていることになります。大部分はささいなトラブルとはいえ、中には重大なものもふくまれています。福島の原発でも、「このままでは大きな人災なり事故が起きそうな感じだ」と不安視する内部告発が寄せられた、と〇五年四月、県が発表していました。

それどころか、意図的な「人為ミス」の可能性も出てきています。原発内から工具やビニールシートなど多くの異物が発見されつづけているので

定期検査における発電停止日数の最短記録更新状況（運転停止から調整運転開始までの日数）

沸騰水型炉			加圧水型炉		
停止日の年度	原子炉名	停止日数	停止日の年度	原子炉名	停止日数
1997	浜岡３号	38 日	1997	美浜３号	41 日
1998	福島第二３号	36 日	1997	大飯３号	37 日
2001	浜岡４号	29 日	1999	大飯３号	36 日
			2001	大飯４号	31 日
			2002	敦賀２号	29 日

『はんげんぱつ新聞』第 318 号より

す。足場用の鉄パイプ、電動グラインダー、スパナ、防塵マスク、作業靴といったものまでありました。

　ミスばかりでなく、故意《こい》に捨てられたものも少なくなさそうです。事故隠しやデータ改竄《かいざん》などの不正も後を絶ちません。二〇〇七年三月三〇日には、原発だけで四五八件を数える電力各社の不正総点検結果が原子力安全・保安院に報告されましたが、運転管理のでたらめぶりは、まさしく大事故を準備しているに等しいと言えるでしょう。

　そうした危険性は、使用済み燃料を再処理し、プルトニウムを取り出して利用しようとする「核燃料サイクル」をすすめれば、いっそう大きくなります。負の遺産を将来の世代に残す放射能のごみのあと始末も、さらに複雑・危険になるのです。

　原発を建設して地球環境が守れるなどと言うことは、とてもできません。

Q6 CO_2と放射能では、どちらがより危険ですか？

もし、比較できるとすれば、CO_2による地球温暖化と放射能災害とでは、どちらの被害のほうが大きいと考えられますか？

危険性を比べる？

原子力ビジョン懇談会では「各電源特性比較表」なるものをつくり、放射能の危険性は小さいとアピールしようとしています。通常運転時の生命損失を「寿命短縮リスク指標」を用いて算出したというドイツの分析例で、放射性物質をふくむ環境放出による生命損失が、原子力は石炭の六分の一、石油の一二分の一だというのです。もちろんそれなりの計算根拠はあるのでしょうが、常識的に考えて意味のある比較などできっこないことは確かです。

比較表には、重大事故による生命損失も比べられていて、やはり原子力は石油の五分の一、中国の石炭の一二八・五分の一といった数字が並ん

晩発性の死亡
　がんなど一定期間のあとに被害が出ることによる死亡。放射線の影響では、急性障害による死亡より晩発性障害による死亡が圧倒的に多い。

ＩＰＣＣ
　気候変動に関する政府間パネル。第一回会合は一九八八年にジュネーブで開かれ、九〇年に報告書が作成された。二〇〇七年に第四次の報告書がまとめられている。

でいます。ただし、「晩発性《ばんはっせい》の死亡を除く」とあります。放射能災害の最大のリスクを除いた比較の白々しさは、これまた指摘するまでもありません。

　そもそも比べてどちらがマシというものでもないでしょう。ところが原子力ビジョン懇談会の報告書をまとめ、二〇〇八年三月一三日の原子力委員会に提出した座長の山本良一《やまもとりょういち》東京大学生産技術研究所教授はどうしても比べたいらしく、「火力発電所から出る化石燃料起源の炭酸ガスは、これは数千年以上大気中を漂うということを前提に我々は問題に対処せざるを得ないということでございまして、これは原子力発電、核燃料廃棄物の処理処分の問題と同等あるいはそれ以上のリスクを持っているということが今指摘されているわけでございます」と表明。委員からの質問を受けて、こう答えました。

「必ずしも私が専門家というわけではないのですが、まず私が勉強した範囲で申し上げると、先ほどお話したのは、ＩＰＣＣのレポートには大気中のCO_2放出量の二〇％が数千年漂うというふうにサマライズされているのです。ところが、幾つかの論文は、シカゴ大学のアーチャー教授た

放射性物質の長寿命のもの

半減期（寿命ではなく、半分に減るまでの時間。半減期の二倍の時間が経つと、半分の半分で四分の一となる）が二一四万年のネプツニウム-237、一五〇万年のジルコニウム-93、二一万年のテクネチウム-99などがある。

CCSの仕組み

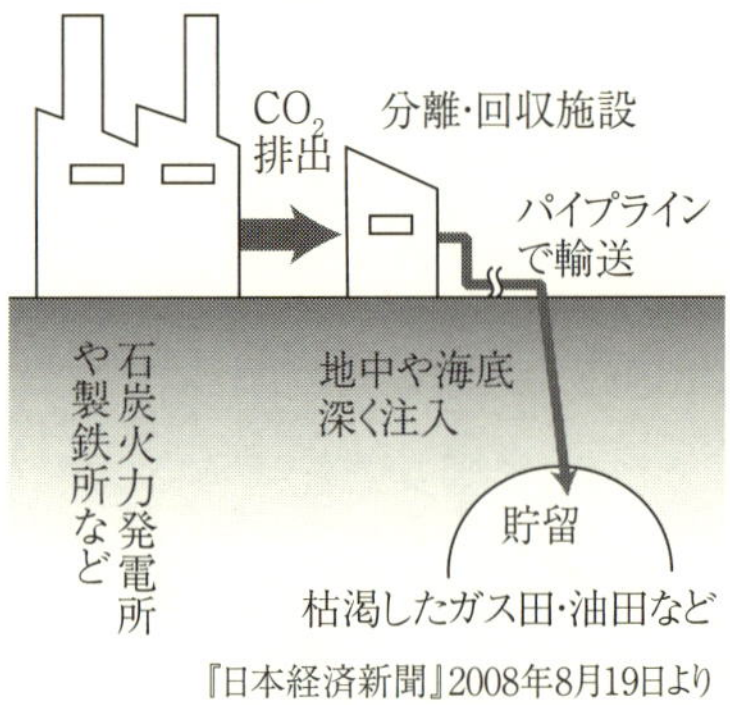

『日本経済新聞』2008年8月19日より

ちは、三万年から三万五〇〇〇年空気中を漂うというふうに書かれています。だから、放射性廃棄物の長寿命のものは一万年くらいということと大体同じだと、そういう意味ではですね。それが一つです。

それからもう一つは、じゃあその処理処分の技術の進捗《しんちょく》の度合いはどうかという問題で、今回ＣＣＳという技術が今非常に注目を集めているわけですね。つまり、出た炭酸ガスを捕集して貯留すること。ところがＣＣＳ技術というのはまだこれコスト的にも、それから安全性の問題でもこれからどんどん磨きをかけていかなければいけない技術で、技術の成熟に一〇年ぐらいかかるといわれているわけですね。

ところが、それを先ほどのＩＥＡのシナリオでは四六〇基、二〇三〇年までに導入すると言っているわけですよ。そうすると、現状における放射性廃棄物の処理処分の技術の進捗の度合いというか成熟の度合いからいうと、文句なく私は原子力のほうが処理処分の技術は上ではないかと、そういうことは一般にはほとんど知られていないと。これはやはりきちんと認識をすべきだと私は思いますけれどもね」

「放射性廃棄物の長寿命のものは一万年くらい」でないことはともかく、

ＣＣＳ
炭素回収・貯留。

炭酸ガス
二酸化炭素（CO_2）のこと。

ＩＥＡ
国際エネルギー機関。一九七三〜七四年の第一次石油危機を契機に、当時のキッシンジャー米国務長官の提唱によりＯＰＥＣ（石油輸出国機構）に対抗するべくつくられた。その後、より広い役割を担うようになり、毎年、世界のエネルギー展望などを発表している。

CO_2が大気中を漂う時間が三万年くらいだから「同等あるいはそれ以上のリスクをもっている」などと考える人がいるのには驚かされました。また、CCS技術より「文句なく原子力のほうが処理処分の技術は上」というのもいただけません。高レベル廃棄物は、Q2で触れたように「地下に埋めておしまい」というのが政府や電力会社などの考えです。これを「地層処分」あるいは「深地層処分」と呼びます。

地層処分が安全に実施できることは実証されておらず、実施例も皆無《かいむ》です。処分推進の立場に立つ研究者から見てさえ不確定要素が余りに大きいのです。

いっぽう原子力ビジョン懇談会の席上では日本エネルギー経済研究所の十市勉《といちつとむ》専務理事・主席研究員が「これから相当期間、石炭を使って、それをCCSと組み合わせていかざるを得ない。これが非常に効果的」と、CCSはすでに実用技術のように主張していました。CCSを錦の御旗にして石炭火発の増設をすすめる考えです。それもどうかと思いますが、しょせん目くそ鼻くその類で、どちらの技術にも頼れないと考えるべきでしょう。

核拡散・核テロリズムの危険性

なお、右に見た比較表には、「その他特記事項」として、原子力のところにのみ、次の記載があります。「核拡散・核テロリズム（原子力施設への破壊工作や核物質の盗取／ばら撒き行為等）による潜在的なハザードの可能性」。

原発は、軍事的な目標ともなりえます。「自国内に置かれた敵国の核兵器」と呼ばれるゆえんです。二〇〇八年九月七日付『毎日新聞』のコラム「発信箱」で編集局の広岩近広《ひろいわちかひろ》さんは言います。

「広島アジア友好学院の山田忠文理事長が『東北アジア情報センター』の会報にこう書いている。『世界に四三〇余の原発が稼働し、『地球温暖化防止？』をもたらす新たなビジネスチャンスとして今後五〇年間に二〇〇〇以上の原発が世界中に建設されるという予測がある。核物質の世界蔓延化《まんえん》が進行し核施設―原発を人工衛星で査察しピンポイントミサイルで破壊すれば同じ軍事的効果をもたらすというのだ』

仮に核兵器が廃絶されても、原子力発電所を宇宙からミサイルで爆撃す

ハザード
　危険。危険の原因・危険物といった意味でもつかわれる。

れば事足りるとなれば、核被害の恐怖は消えない。ＳＦもどきだが、宇宙の軍拡が進んでいるだけに、よもやと思っても背筋が冷える。怖い話である」

実は「同じ軍事的効果」でもありません。原発や再処理工場、高レベル廃棄物貯蔵施設などが抱えている放射能は、核兵器の爆発で生まれる放射能と種類がちがって長寿命のものが多く、その影響は長くつづきます。それら施設が核兵器で攻撃された場合の被害は、単に核兵器を爆発させた場合よりはるかに大きなものとなるのです（下図参照）。

原発で地球温暖化は防げないばかりでなく、地球上の全生命の存在自体を危うくしかねません。

地球温暖化による被害も、放射能災害もごめんです。原発に頼った架空の温暖化対策は、効果がないだけでなく、コストも高く、放射能災害や核拡散、放射性廃棄物という別の大きな問題を抱えこみます。そのうえ再処理をしてプルトニウムを利用しようとしたら、問題をよりやっかいにするのは必至でしょう。

放射能汚染で人間の住めない地域

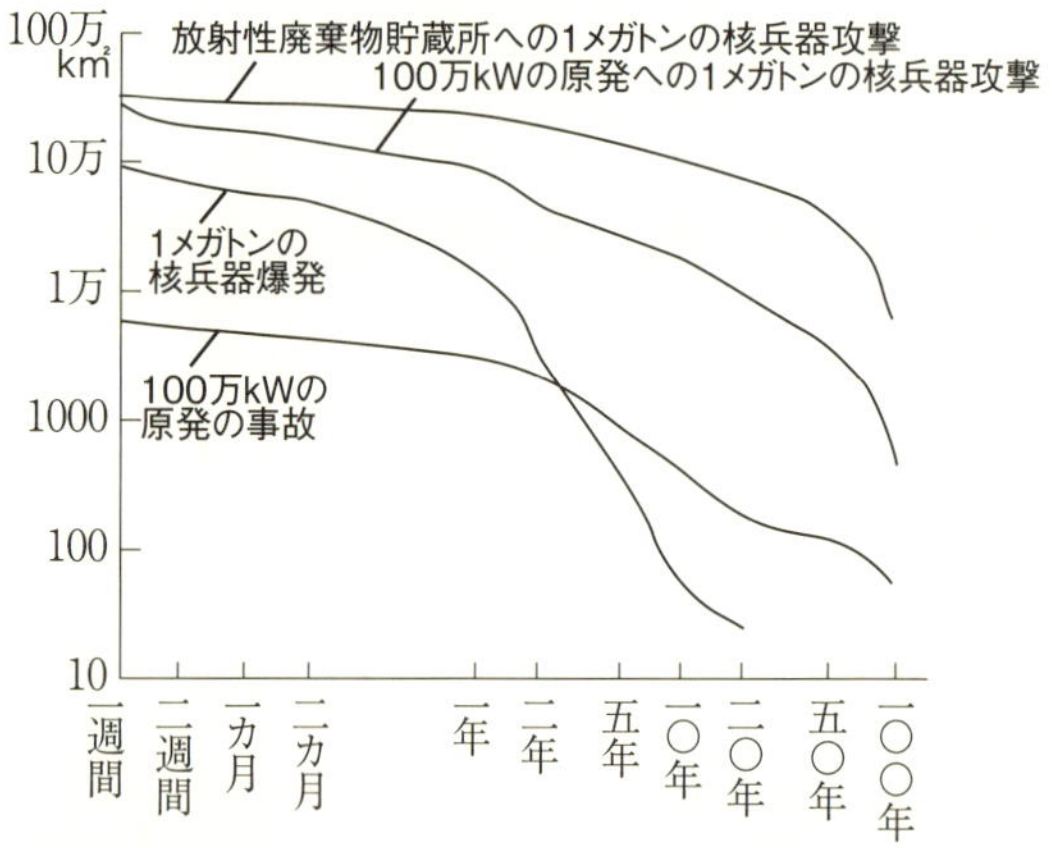

人間が住んだ場合、年間100ミリシーベルト（平常時の数十～100倍）以上の放射線被曝をしてしまう地域を非居住地域とした。池山重朗「原発への核攻撃計画」（『原水禁ニュース』1987年1月1日号）掲載の表を両軸とも対数目盛にしてグラフ化。　出典:『科学』2007年11月号より

Q7 地球温暖化は原発にも影響を与えますか？

ところで、温暖化によってさまざまな被害がおこると想定されていますが、温暖化のために原発もより危険になるなんてこともあるのですか？

温暖化で原発が止まる

原発は温暖化を防止するどころか、温暖化がすすむと、そもそも原発が動かせなくなる——とすら言われています。

原発では、核分裂から発生する熱のうち約三分の一しか電気に変換されません。残りの三分の二は、日本の原発のように海岸にある原発では、海に捨てられています。タービンを回して発電するのにつかわれた蒸気を、海水で冷やして水に戻すために、三分の二の熱が捨てられるのです。海水のほうは、そのぶんの熱を受けとって温度が上がった状態で再び海に戻されます。これを「温排水」と呼んでいます。

さて、温暖化によって海水温が上がると、冷却の効果が下がり、原発の発電能力が落ちるということがおこります。また、温排水の温度がより高くなります。

海岸でなく、内陸の河川沿いに建てられた原発では、さらに大きな影響がありえます。それらの原発では、環境法で定められた温度を温排水が超えないよう、直接河川に流さず、冷却塔と呼ばれる施設をつくって二〇〜三〇メートルほどの高さから水滴状に落下させて冷やしたうえで河川に戻しています。

ヨーロッパは二〇〇三年、〇五年、〇六年と猛暑《もうしょ》がつづき、冷却塔をつかっても制限温度を超える事態となりました。そこで〇三年、〇六年にはフランス電力が政府に泣きつき、制限を解除してもらったそうです。スペインでは〇六年にサンタマリア・デガローニャ原発が停止され、ドイツではエルベ川沿いの三原発で出力を下げた運転が行なわれたとも、二つの原発で制限がゆるめられたとも報じられています。

猛暑とともに旱魃《かんばつ》にもなり、河川や湖からの取水量が減って、これも法定の取水下限値を下回り、フランス電力はやはり制限を解除してもらっています。それでも河川側からの取水制限で取水ができず、シボー原発のよ

原発の概念図 (加圧水型の例)

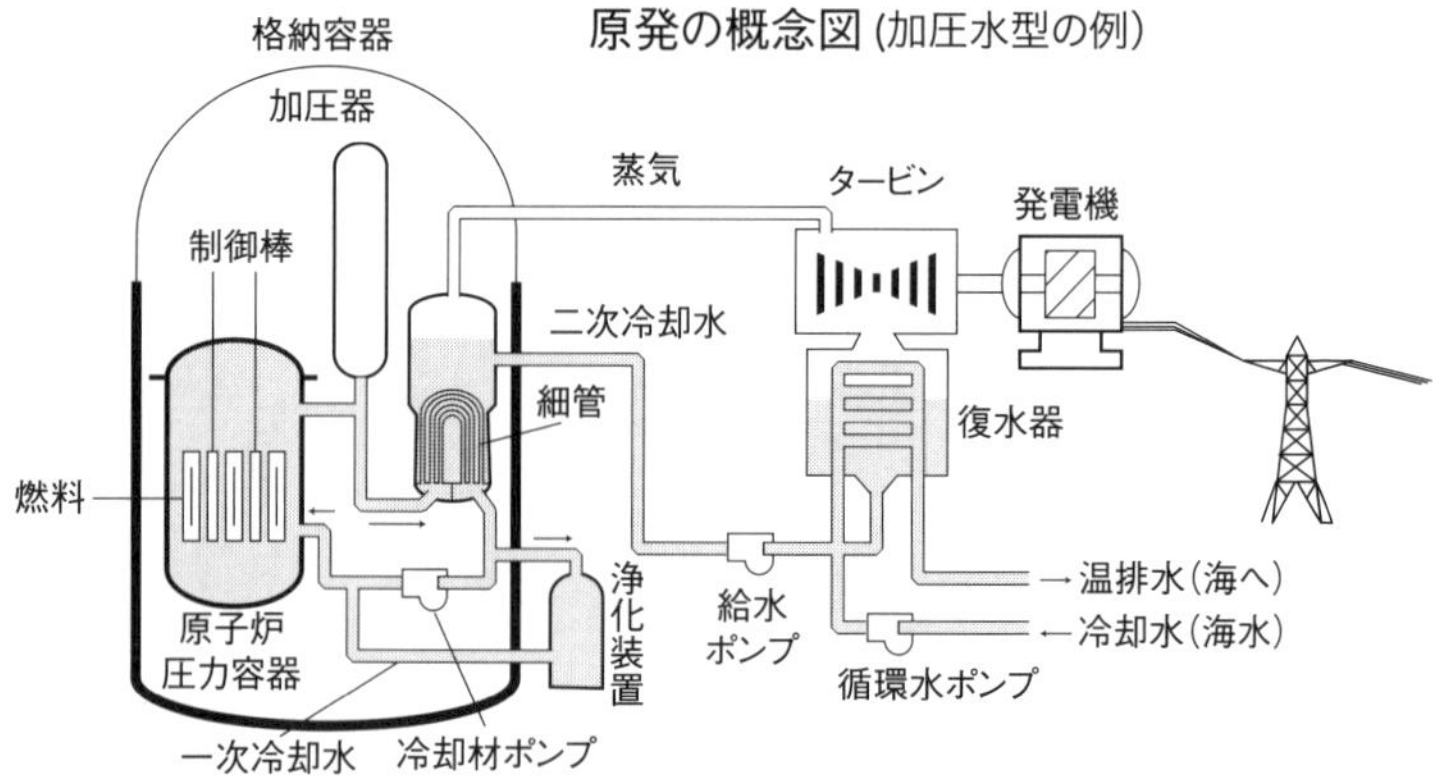

うに運転を停止した例もありました。

温暖化が台風やハリケーンなどの暴風雨、洪水を増やすことも懸念されています。ハリケーン上陸時には、電力会社からの電力供給が止まることなどを考慮して、原発は停止させることが発電所の手順書に定められていて、二〇〇五年八月の「カトリーナ」上陸時にはアメリカのウォーターフォード原発、二〇〇八年九月の「グスタフ」上陸時には同じくウォーターフォード原発とリバー・ベンド原発が運転を停止しました。ほかに、出力を下げてハリケーン通過を待った原発もあったそうです。被害状況を確認して再開するまでには数日間を要しました。

フランスのルブレイエ原発では、一九九八年一二月、強い低気圧の暴風雨による高波を受け、原子炉を停止しました。二〇〇八年九月九日付『朝日新聞』夕刊の「原発は守れるか——巨大化する自然災害2」から引用します。

「九九年一二月二七日夜、暴風雨によって発生した高波は、ジロンド川を逆流。川から約三〇メートル離れた原発に押し寄せ、高さ五・二メートルの堤防を乗り越えた。約一〇トンの水が敷地内に入り込み、1、2号機

冷却塔の概念図

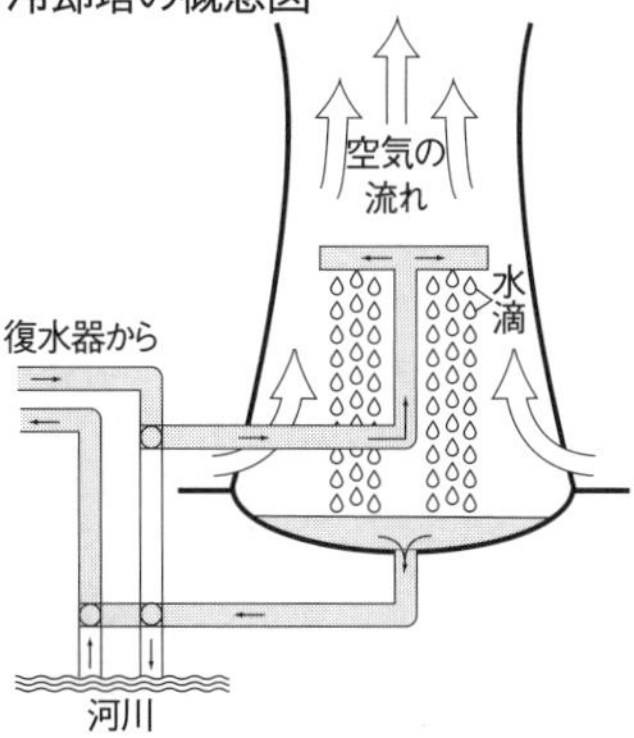

フランス電力
フランス国営の電力公社として一九四六年に設立。二〇〇四年に一部民営化。

の原子炉建屋は浸水した。

周囲の送電線が切れて原子炉の炉心を冷やす安全システムが作動しなくなったことなどから、1、2、4号機を緊急停止した。3号機は燃料交換のため停止中だった。復旧作業員が必要だったが、原発に通じる道は冠水と倒木で遮断され、誰も原発に近づけなかった。原発内を案内してくれたリュク・ヒムペンス技術長補佐は『安全かどうかの確認すらできなかった』と当時を振り返った。

原発に通じる道が復旧したのは翌日未明。波が防護壁を乗り越えてから、約七時間後だった。4号機は機器類に影響がなく三日後に再開したが、1、2号機は四～五ヶ月間、動かせなかった」。

「原発震災」と同様の状況です。条件次第では炉心の損傷に至りかねない事態でした。

アメリカのデュアン・アーノルド原発では二〇〇八年六月一二日、洪水

高波で浸水 緊急停止

原発は守れるか
巨大化する自然災害 2

世界有数のワイン産地フランス・ボルドー地方。ワイン畑の丘陵地を抜けると、大西洋に注ぐジロンド川の河口に、フランス電力公社（EDF）のルブレイエ原子力発電所（4基、360万㌔㍗）が見えてくる。

同原発は99年12月、原子炉建屋内部まで浸水する高波被害を受けた。

原発内で何が起き、どのような対策がとられたのか。EDFに取材を申し込んだ。当初は「セキュリティーが厳しく、外国人が入るのは無理だ」（同社広報担当）と断られたが、現地で直接交渉を重ねた結果、許可された。01年9月の米国同時多発テロ後、外国人記者が同原発内に入ったのは初めてだという。

■ ■

99年12月27日夜、暴風雨によって発生した高波は、ジロンド川を逆流。川から約30㍍離れた原発に押し寄せ、高さ5・2㍍の堤防を乗り越えた。約10万㌧の水が敷地内に入り込み、1、2号機の原子炉建屋は浸水した。

周囲の送電線が切れて原子炉の炉心を冷やす安全システムが作動しなくなったことなどから、1、2、4号機を緊急停止した。3号機は燃料交換のため停止中だった。復旧作業員が必要だったが、原発に通じる道は冠水と倒木で遮断され、誰も原発に近づけなかった。原発内を案内してくれたリュク・ヒムペンス技術長補佐は「安全かどうかの確認すらできなかった」と当時を振り返った。

原発に通じる道が復旧したのは翌日未明。波が防護壁を乗り越えてから、約7時間後だった。4号機は機器類に影響がなく3日後に再開したが、1、2号機は4～5カ月間、動かせなかった。

被災後、EDFは消波ブロックを置き、原発を囲む堤防上に高さ2・3㍍のコンクリート防護壁を設置した。仮に水が防護壁を越えても、被害を最小限に抑えるため、ディーゼル駆動の排水ポンプも設置した。

■ ■

ヒムペンス氏の案内で、制御室に入った。壁面の蛍光掲示板で、原子炉やタービンなど施設内の状態が一目で分かる。所員は点滅する画面から目を離さなかった。

ヒムペンス氏は「気象庁との連携をより密にした」と、被災後の対策について説明を始めた。暴風雨の予報が発表された段階で原子炉を緊急停止することにした。ジロンド川の水位を計測する機器も備えた。ヒムペンス氏は「これで浸水対策は万全だ」と強調した。

フランスの原子力安全委員会（ASN）は、ルブレイエ原発の浸水後、国内すべての原発を点検し、同様の被害が予想される20の原発に新たに防護壁を設置したり、既存の壁を高くしたりする措置をとった。ASNは「原発の設置時に自然災害の可能性を科学的に調べてはいるが、ルブレイエ原発の被災は想定外だった。今は安全基準が厳しくなり問題はない」とする。

では、住民は高波の被災をどう感じているのか。地元の反原発団体「チェルノブレイエ」のステファン・ロム代表に会った。

「これで浸水が防げると思いますか」。ロム氏は原発周辺を歩きながら、足元の盛り土を踏んで見せた。

高さ1・5㍍、幅5㍍ほどに盛られた土には、雑草が生い茂っていた。9年前の浸水前からあったものだが、ロム氏は「これでは水が入ってくるのは当たり前。原発が設置された当初は、盛り土すらなかったんだ」と指摘した。

ロム氏は言う。「科学があらゆる自然災害を予測し、対策を講じることができるという錯覚は、非常に危険な事態を招く」


原子炉建屋の前に防護壁や消波ブロックが設置された。反原発団体のステファン・ロム氏（右）は「危険性は変わらない」＝フランス・ジロンド県、奈良部健写す

高波で浸水したフランスの原発事故を報じる『朝日新聞』〇八年九月九日付夕刊

のために通信システムが機能を失いました。

さらに高温になり、旱魃やハリケーン、洪水などが深刻化すれば、多くの原発の運転停止が必至です。内陸の原発は、フランスだけでなく、アメリカやヨーロッパにたくさんあります。

もちろん、蒸気でタービンをまわす火発でも、事情は同じです。ただし、火発のほうが効率がよく、排熱は小さくてすみます。取排水の量また然りです。フランスでも、問題となったのは原発だけだったようです。

Q8 原発の温排水は温暖化をすすめませんか？

原発で発生する熱の三分の二が捨てられると聞きました。その量はかなりに上ると思われ、その影響も大きいのではありませんか？

排熱の大きさは？

世界の原発が二〇〇四年に発電した電力量は二兆七四〇〇億キロワットアワー、火力発電の発電量は一一兆七七〇〇億キロワットアワーでした（『海外電力調査統計』二〇〇七年版）。

各国で効率のばらつきが大きく、火力の発電量の内訳もわかっていませんので、目安を得るだけの乱暴な計算ですが、原発の効率を三三パーセント、火発はすべて汽力発電と見なし、効率を三七パーセントとすると、一年間に捨てられた排熱の量は、原発からが五兆五六〇〇億キロワットアワー、火発からが二〇兆四〇〇〇億キロワットアワーとなります。一兆キロワットアワー＝八六〇兆キロカロリーとすると、それぞれ四八〇〇兆キロカ

効率
熱効率。ここでは熱エネルギーを電気に変えるときの効率。

汽力発電
蒸気でタービンを回し、発電する方式の火力発電。

京
兆の一万倍となる単位。

ロリー、一京七二〇〇兆キロカロリーです。

他方、太陽から地球が受けとる熱は一年に九万六〇〇〇京キロカロリーだそうで、それと比べると原発の排熱は二〇万分の一、火発の排熱は六万分の一、合計で四万四〇〇〇分の一になります。原発や火発の排熱だけでなく発電につかわれた熱も加え、さらに工場や自動車から排出されるすべての人工の熱を足し合わせても、三〇〇〇分の一くらいだそうです。

また、原発や火発の排熱のうちどれだけが高温のまま温排水として海に捨てられているかは不明ですが、その熱で海中のCO_2が大気中に放出される量、あるいは海洋に吸収されにくくなるCO_2の量を考えても、やはり大きな数字にはならないでしょう。

局所的な気象変化も

もっとも、地球に届く太陽の熱のうち気象に関係しているのは約〇・二パーセントと言われていますから、そのレベルと比べれば原発の排熱は四〇〇分の一、火発の排熱が一一〇分の一、合計で九〇分の一となります。ひょっとしたらヒートアイランド現象と同じように「温排水現象」があっ

ヒートアイランド現象
都市部の気温が異常な高温となっている現象で、人工排熱などが原因といわれるが、未だ解明されていない。

ておかしくないのかもしれません。

しかも、これはあくまで世界全体での平均の話です。

日本の全原発の温排水の量は一年間でおよそ七五〇億トン（次ページの表参照。設備利用率を七〇パーセントとして計算）、日本の全河川の非渇水時の流量約四〇〇〇億トンのほぼ五分の一です。

狭い国土にたくさんの原発や火発が集中している日本では、一ケタ二ケタ密度が高くなります。所在地周辺では、さらに高密度となります。

地球温暖化はともかく、局所的な気象変化の原因となる可能性は、否定できないと思います。

たとえば七基の原発を抱える新潟県の柏

日本の原発から発生する廃熱

（2008年8月末現在）

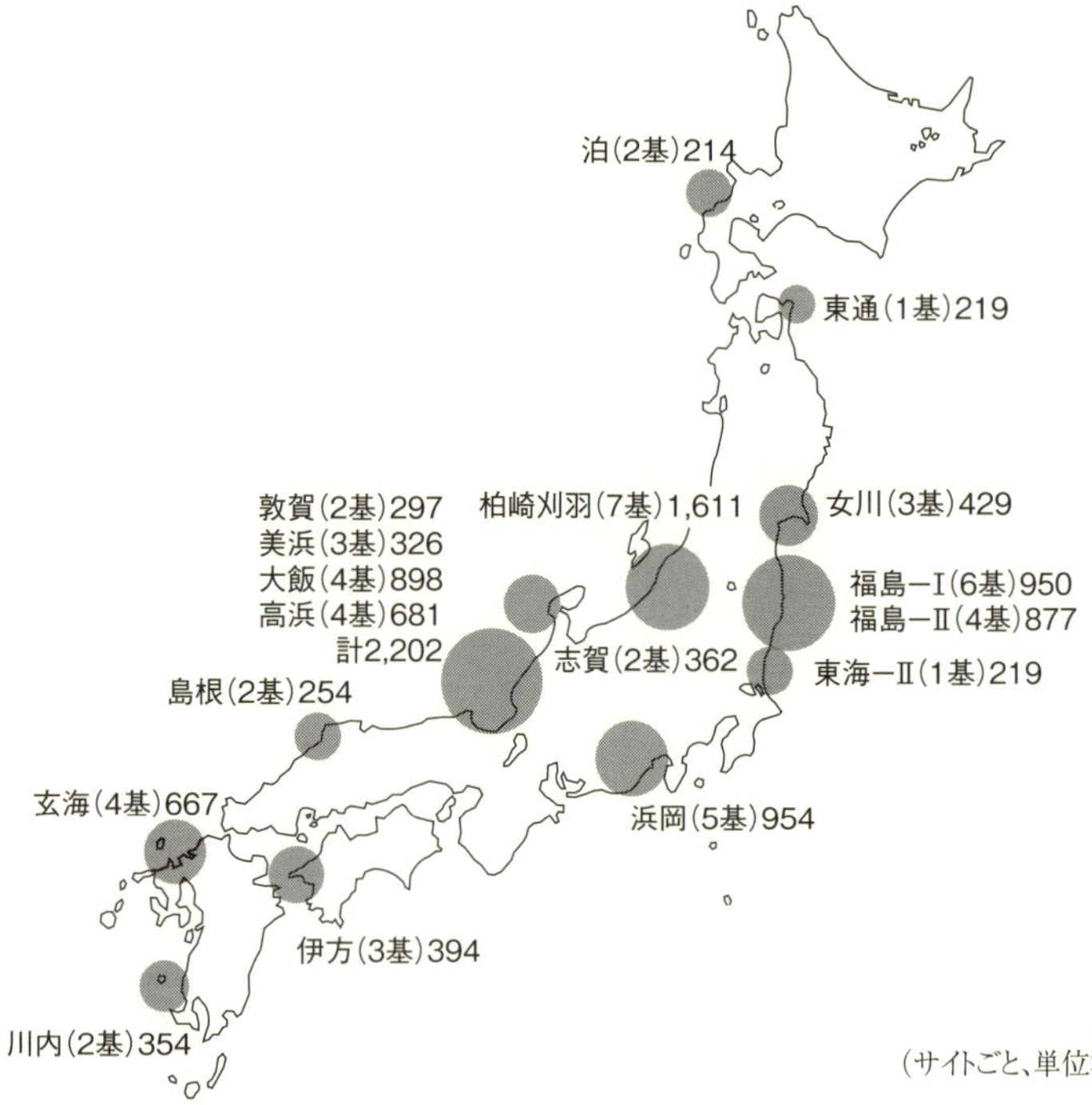

（サイトごと、単位:万kW）

原発温排水の状況

＊修正環境影響調査書及び環境影響評価書より抜粋
＊空欄は記載のないもの
福島瑞穂参議院議員の資料請求に対する原子力安全・保安院の回答より

会社名	原発名	号機	放水方式（m）	放水速度（m/秒）	放水量（m^3/秒）	最大取放水温度差（℃）
北海道電力	泊	1,2	水中（-9）	約4	40	7
		3	水中（T.P.-9）		66	
東北電力	女川	1	水中	約4.3	約39	7
		2		約4.0	約60	
		3	水中（O.P.-10.2）			
	東通	1	水中（T.P.-5.4）	約4.0	約80	7
東京電力	福島第一	1	表層		25.3	9.0
		2,3			43.2	9.2
		4			47.1	8.4
		5		約0.5	47.4	
		6			64.6	
	福島第二	1			77.8	7.0
		2			77.9	
		3,4			78.0	
	柏崎刈羽	1〜5	表層	約0.7	78	7
		6,7			92	
	東通	1	水中（T.P.-5.4）（放水口の中心）	約4	約92	7
中部電力	浜岡	1	表層		33	7.9
		2			50	
		3		約2.0	82	7
		4			81	
		5			95	
北陸電力	志賀	1	水中（T.P.-14）	約4	40	7
		2	水中（T.P.-16）	約5	93	
関西電力	美浜	1〜3				
	高浜	1,2	水中（E.L.-5.23）	約1	54	7.7
		3,4	水中（E.L.-10）	2	66	7.0
	大阪	1,2	水中（T.M.S.L-5.5）	約1.9	75	7.7
		3,4			84	7.0
中国電力	島根	1	表層		30	7.5
		2	水中（水深15）	約3.0	60	7
		3	水中（T.P.-15）		95	
四国電力	伊方	1			38	7
		2			37.6	
		3	水中（C.D.L.約-6）	約4.3	65	
九州電力	玄海	1,2	表層		37	7
		3,4	水中（水深約14）	約4	82	
	川内	1,2	表層	約0.64	66.5	7
日本原子力発電	東海第二					
	敦賀	1	表層		20	8.6
		2			83	7
		3,4	深層（T.P.-10.0）	4	107	7
電源開発	大間	1	水中（T.P.-11.6）	約5.0	91	7
日本原子力研究開発機構	もんじゅ		表層	約0.4	18	7

T.P.：東京湾平均海面　O.P.：女川原発工事用基準面　T.M.S.L.：東京湾平均海面
E.L.：標高　C.D.L.：基本水準面　（T.P.とT.M.S.L.は同じだが、記載のママ）

出典：『反原発新聞』第363号より

崎刈羽地域では、冬に里雪が多く降るようになって、山間部の雪が少なくなり、雪解け水が減って河川の水量が減少したという報告もありました。

プロブレムQ&A

III 原発はほんとうに有効か

Q9 京都議定書の目標達成に役立つのですか？

原発の出すCO₂が少ないと仮定しても、温暖化をすぐに防止できる効力はあるのですか？　京都議定書の目標達成に貢献できるのでしょうか？

どれもこれも間に合わず

二〇〇八年三月に改訂され閣議決定された「京都議定書目標達成計画」は言います。「現在稼働中の五五基に加え、建設中の二基（泊《とまり》三号、島根三号）を二〇一二年度時点で着実に稼働《かどう》するように、事業者の取組をフォローアップする」。

京都議定書が採択された直後の見通しでは、他に一五基が二〇一〇年度時点で稼働しているはずでした。しかし、そのうち五基は計画が撤回され、一〇基は二〇一二年度にも間に合わなくなりました（↓Q13）。残る二基だけは何とか間に合ってほしいというのでは、役立たずが丸見えです。

さらに目標達成計画は、次世代軽水炉の技術開発、高速増殖炉サイク

次世代軽水炉
　現在の改良型沸騰水型炉、同加圧水型炉に次ぐ新型炉。

高速増殖炉サイクル
　高速増殖炉は、高速中性子をつかってプルトニウムを燃やし、まわりにおいたウランから、燃えた以上のプルトニウムをつくって増殖させる原子炉。再処理など核燃料サイクルと一体で利用される。

京都議定書目標達成計画 08.3.28　閣議決定

E．エネルギー転換部門の取組

(a) 産業界における自主行動計画の推進・強化

（再掲：エネルギー転換部門の業種）

2008年３月末時点で、エネルギー転換部門においては、４業種が定量目標を持つ目標を設定し、審議会等の評価・検証を受けている。

○電力分野の二酸化炭素排出原単位の低減

我が国のエネルギー起源二酸化炭素排出量の大きな部分を占める発電部門において、二酸化炭素排出原単位を低減させることが重要であることから、下記の対策等を講ずる。

- 事業者による以下の取組等による自主目標達成の評価・検証を行う。
  - ➢ 科学的・合理的な運転管理の実現による原子力設備利用率の向上。
  - ➢ 火力発電の熱効率の更なる向上と環境特性に配慮した火力電源の運用方法の調整等。
  - ➢ 事業者による京都メカニズムの活用による京都議定書上のクレジット（排出削減量）獲得。
- 省CO_2化につながる電力負荷平準化対策を、ヒートポンプ・蓄熱システムや蓄電池、ガス冷房の普及促進等により推進する。
- 電気事業者による新エネルギー等の利用に関する特別措置法（平成14年法律第62号。以下「ＲＰＳ法」という。）[35]を着実に施行するとともに、老朽石炭火力発電の天然ガス化転換を促進する。

(b) エネルギーごとの対策

○原子力発電の着実な推進

発電過程で二酸化炭素を排出しない原子力発電については、地球温暖化対策の推進の上で極めて重要な位置を占めるものである。今後も安全確保を大前提に、原子力発電の一層の活用を図るとともに、基幹電源として官民相協力して着実に推進する。その推進に当たっては、供給安定性等に優れているという原子力発電の特性を一層改善する観点から、国内における核燃料サイクルの確立を国の基本的な考え方として着実に進めていく。このため、原子力政策大綱（平成17年10月11日原子力委員会決定）に示された基本方針に従い、原子力立国計画（平成18年８月８日総合資源エネルギー調査会電気事業分科会原子力部会報告書）にのっとり、以下の施策を推進する。

- 現在稼働中の55基に加え、建設中の２基（泊３号、島根３号）を2012年度時点で着実に稼働するよう、事業者の取組をフォローアップする。
- 官民一体となった世界標準を獲得し得る次世代軽水炉の技術開発、高速増殖炉サイクルの早期実用化に向けた関係者と一体となった取組、ウラン資源自主開発の推進及び原子力人材育成等を通じ、原子力発電の長期かつ安定的な運転のための環境整備を進める。
- プルサーマルの着実な実施や六ヶ所再処理工場の本格操業開始を含む核燃料サイクル確立に向けた着実な取組、個別立地対策、広聴・広報活動の実施や関連産業の強化、高レベル放射性廃棄物の最終処分事業の推進に向けた取組の強化等を行う。
- 安全確保を大前提とした科学的・合理的な運転管理の実現による原子力設備利用率の向上と既設炉の活用を進める。

ルへの取り組み、ウラン資源自主開発、原子力人材育成、プルサーマルの着実な実施、六ヶ所再処理工場の本格稼働開始、高レベル廃棄物最終処分事業の推進と、原子力の課題を並べ立てますが、それらが温暖化防止に役立つものかどうかは措《お》くとしても、二〇一二年度までに間に合わないことは、指摘するまでもないでしょう。

建設中の原発二基の運転開始にしても、泊三号は二〇〇九年一二月、島根三号は二〇一一年一二月の予定です。予定どおりに動いても目標達成への寄与はほとんど期待できません。目標達成に原発はおよそ貢献する余地はないのです。

京都議定書目標達成計画を具体化するための二〇〇八年度予算を見れば、原子力による温暖化対策の非有効性は、さらに顕著になります。目標達成に「直接の効果があるもの」としての予算五一九〇億円のうち、実に一一九〇億円が原子力によるとされているのですが、表にある電源立地地域対策交付金と原子力発電施設等立地地域特別交付金（ともに原発立地地域への、いわゆる「電源三法交付金」）の合計で一一三六億円になる（残り五四億円は不明。ひょっとしたらこれも別の交付金かもしれません）というのです

プルサーマル
プル（トニウム）をサーマル（リアクター）で燃やすこと。サーマル・リアクターは、高速中性子でなく、エネルギーの小さい熱中性子を用いる原子炉、即ちふつうの原発。

電源三法交付金
発電所立地地域の整備のための三つの法律にもとづいて都道府県や市町村に交付される交付金や補助金の総称。

平成20年度京都議定書目標達成計画関係予算案に含まれる主な予算

A. 京都議定書６％削減約束に直接の効果があるもの　５，１９４億円

A－１．省ＣＯ２型の地域・都市構造や社会経済システムの形成

（例）

○地域バイオマス利活用交付金（農林水産省）	１１１億円
○バイオマスエネルギー地域システム化実験事業（経済産業省）	８億円
○低炭素地域づくり面的対策推進事業（環境省）	４億円
○街区まるごとＣＯ$_2$２０％削減事業（環境省）	４億円
○環境バイオマス総合対策推進事業（農林水産省）	４億円
○都市再生推進事業等に必要な経費（国土交通省）	３億円

等

A－２．産業部門の対策

（例）

○エネルギー使用合理化事業者支援補助金（経済産業省）	３０５億円
○省エネルギー対策導入促進事業費補助金（経済産業省）	１１億円

等

A－３．運輸部門の対策

（例）

○クリーンエネルギー自動車等導入促進対策費補助金（経済産業省）	１９億円
○水素社会構築共通基盤整備事業（経済産業省）	１４億円
○燃料電池システム等実証研究（経済産業省）	１３億円
○自動車省ＣＯ２対策推進事業（環境省）	１億円

等

A－４．業務その他・家庭部門の対策

（例）

○住宅・建築物高効率エネルギーシステム導入促進事業費補助金（経済産業省）	１１４億円
○高効率給湯器導入促進事業費補助金（経済産業省）	１０８億円
○業務部門対策技術率先導入補助事業（環境省）	１９億円
○高効率厨房機器普及促進補助事業（経済産業省）	４億円
○エコポイント等ＣＯ２削減のための環境行動促進事業（環境省）	４億円
○地域協議会民生用機器導入促進事業（環境省）	３億円
○省エネ製品買換え促進事業（環境省）	３億円
○中小事業者等による住宅・建築物に係る省エネ対策の強化（国土交通省）	３億円

等

A－５．エネルギー供給部門の対策

（例）

○電源立地地域対策交付金（経済産業省）	１１０４億円
○新エネルギー等導入加速化支援対策費補助金（経済産業省）	３７８億円
○新エネルギー技術フィールドテスト事業（経済産業省）	８６億円
○エネルギー多消費型設備天然ガス化推進補助事業（経済産業省）	４５億円
○大規模電力供給用太陽光発電系統安定化等実証研究（経済産業省）	３６億円
○原子力発電施設等立地地域特別交付金（経済産業省）	３２億円
○ソフトセルロース利活用技術確立事業（農林水産省）	３２億円
○風力発電系統連系対策助成（経済産業省）	３０億円
○バイオ燃料地域利用モデル実証事業（農林水産省）	２９億円
○定置用燃料電池大規模実証事業（経済産業省）	２７億円
○エコ燃料実用化地域システム実証事業費（環境省）	２３億円
○廃棄物処理施設における温暖化対策事業（環境省）	２１億円
○噴流床石炭ガス化発電プラント開発費補助金（経済産業省）	２１億円
○地熱開発促進調査費補助金（経済産業省）	１９億円

等

A－６．エネルギー起源二酸化炭素以外の排出削減対策・施策

（例）

○地域地球温暖化防止支援事業費補助金（経済産業省）	３１億円
○ノンフロン型省エネ冷凍空調システム開発（経済産業省）	６億円
○省エネ自然冷媒冷凍装置導入促進事業（環境省）	３億円

等

A－７．森林吸収源対策（森林の整備を行うもの）

（例）

○森林環境保全整備事業（内閣府＋農林水産省＋国土交通省）	１０６５億円
○水源林造成事業（農林水産省）	２８８億円
○治山事業費（森林の整備を行うもの）（内閣府＋農林水産省＋国土交通省）	１８２億円
○漁場保全の森づくり事業（農林水産省＋国土交通省）	１００億円
○里山エリア再生交付金（内閣府＋農林水産省＋国土交通省）	９９億円
○農業用水水源地域保全整備事業（農林水産省＋国土交通省）	５０億円

等

A－８．京都メカニズムのクレジット取得関連事業

（例）

○京都メカニズムクレジット取得事業（環境省＋経済産業省）	３０８億円
○京都メカニズムを利用した途上国等における公害対策等と温暖化対策のコベネフィット実現支援等事業（環境省）	１３億円

等

A－９．横断的な施策等

（例）
○温室効果ガスの自主削減目標設定に係る設備補助事業（環境省）　３０億円
○地球温暖化防止「国民運動」推進事業（環境省）　２７億円
○省エネルギー設備導入促進情報提供等事業（経済産業省）　１７億円
○温室効果ガス排出削減事業費補助金（経済産業省）　７億円
○地球温暖化防止活動推進センター等基盤形成事業（環境省）　７億円
○土壌由来温室効果ガス発生抑制システム構築事業（農林水産省）　５億円
等

B．温室効果ガスの削減に中長期的に効果があるもの　３，０９５億円

B—１．対策技術の開発等

（例）
○高速増殖炉サイクル技術【国家基幹技術】（文部科学省）　２９０億円
○ＩＴＥＲ計画の推進（文部科学省）　１０３億円
○新エネルギー技術研究開発（経済産業省）　７７億円
○エネルギー使用合理化技術戦略的開発（経済産業省）　６９億円
○固体高分子形燃料電池実用化戦略的技術開発（経済産業省）　６７億円
○次世代蓄電システム実用化戦略的技術開発（経済産業省）　５３億円
○住宅・建築物「省 CO_2 推進モデル事業」（国土交通省）　５０億円
○発電用新型炉等技術開発委託費（経済産業省）　４４億円
○環境適応型高性能小型航空機研究開発（経済産業省）　４１億円
○地球温暖化対策技術開発事業［競争的資金］（環境省）　３７億円
○革新的ゼロエミッション石炭火力発電プロジェクト（経済産業省）　３３億円
○グリーンＩＴプロジェクト（経済産業省）　２３億円
等

B—２．対策技術の中長期的な普及、人材育成等

（例）
○電源開発促進関連事業（文部科学省）　３３９億円
○森林・林業・木材産業づくり交付金（農林水産省）　９７億円
○緑の雇用担い手対策事業費（農林水産省）　６７億円
○環境にやさしく経済的な次世代内航船舶（スーパーエコシップ）の普及支援（国土交通省）　４０億円
○農地・水・環境保全向上対策のうち営農活動支援交付金（農林水産省）　３０億円
○先導的都市環境形成促進事業（国土交通省）　３億円
等

C. その他結果として温室効果ガスの削減に資するもの　３，４３０億円

C－１．森林吸収源対策（森林の整備以外のもの）

（例）
○治山事業費（林地を保全するもの）（内閣府＋農林水産省＋国土交通省）
９０５億円
○森林居住環境整備事業（農林水産省＋国土交通省）　９７億円
○森林整備地域活動支援交付金（農林水産省）　７２億円
○山のみち地域づくり交付金（農林水産省）　５０億円
○山林施設災害関連事業費（農林水産省）　４９億円
○林道施設等災害復旧事業（農林水産省）　２９億円
○既設道移管円滑化事業（農林水産省）　２０億円
等

C－２．運輸部門の対策

（例）
○公共交通の利用促進のための路面電車の走行空間の整備等（国土交通省）
３８０億円
○都市鉄道整備事業費補助（国土交通省）　３０６億円
○高度道路交通システム（ＩＴＳ）の推進　（国土交通省）　１９５億円
○自動車交通需要の調整（国土交通省）　１１６億円
○地方バス路線運行維持対策（国土交通省）　７４億円
○都市交通システム整備事業（国土交通省）　７１億円
○交通施設バリアフリー化設備整備費補助金（国土交通省）　３２億円
○鉄道駅移動円滑化施設整備事業費補助（国土交通省）　２４億円
○都市鉄道利便増進事業費補助（国土交通省）　１５億円
等

C－３．原子力関係

（例）
○原子力発電施設等緊急時安全対策交付金（経済産業省）　３３億円
○燃料等安全高度化対策委託費（経済産業省）　７億円
等

C－４．廃棄物の焼却等に伴う温室効果ガス排出の削減

（例）
○循環型社会形成推進交付金（環境省）　３２３億円
○廃棄物循環型社会基盤施設整備費補助（環境省）　１２８億円
等

D. 基盤的施策など　４４７億円

D－１．対策の評価・見直し

（例）
○地球温暖化問題対策調査委託費（経済産業省）　５億円
等

D－２．排出量・吸収量の算定等

（例）
○森林吸収源インベントリ情報整備事業（農林水産省）　５億円
○温室効果ガス排出・吸収量目録関連業務費（環境省）　１億円
○温室効果ガス排出・吸収量削減対策技術情報管理システム構築費（環境省）　１億円
○森林等の吸収源対策に関する国内体制整備確立調査費（環境省）　１億円
等

D－３．気候変動に係る研究の推進、観測・監視体制の強化

（例）
○地球観測衛星の開発に必要な経費（文部科学省）　１６５億円
○南極地域観測事業費（文部科学省）　４７億円
○地球環境研究総合推進費（環境省）　３２億円
○２１世紀気候変動予測革新プログラム（文部科学省）　２２億円
○地球観測システム構築の推進（文部科学省）　１０億円
○気候変動予測研究費及び電子計算機運営費（国土交通省）　５億円
等

D－４．地球温暖化対策の国際的連携の確保、国際協力の推進

（例）
○国際エネルギー消費効率化等協力基礎事業（経済産業省）　２２億円
○世界気象機関分担金（国土交通省）　１０億円
○環境問題拠出金（外務省）　５億円
○次期国際枠組に関する日本イニシアティブ推進経費（環境省）　１億円
等

から、何をか言わんやでしょう。交付金をばらまいても、原発の発電量が増えることすらありません。

原子力以外では、森林環境保全整備事業などのCO_2吸収源対策が一八五〇億円と、これまた問題がありそうです。再生可能エネルギーの導入加速化、省エネルギー技術の導入促進なども挙げられていますが、予算の大部分が、とても目標達成に役立ちそうにないものに充当されています。

再生可能エネルギー
水力、太陽光、風力、バイオマスなど、利用しても資源が枯渇しないエネルギー。

Q10 中長期的には役立つ余地がありますか?

原発が温暖化防止にすぐには間に合わなくても、長い目で見て高速増殖炉サイクルが実用化されたりすれば少しは有効なのでしょうか?

役立つものなし

京都議定書目標達成計画を具体化するための二〇〇八年度予算のうち、「温室効果ガスの削減に中長期的に効果があるもの」には、電源開発促進関連事業三四〇億円（「対策技術の中長期的な普及、人材育成等」の例のひとつに挙げられていますが、内容は不明）、高速増殖炉サイクル技術二九〇億円、ITER（国際熱核融合実験炉）計画の推進一〇〇億円、発電用新型炉等技術開発五〇億円といったものが並んでいます。高速増殖炉にITERだなんて、いくら「中長期」といっても、ホドがあります。

高速増殖炉サイクル技術については、「革新的技術開発ロードマップ」が、「二〇五〇年よりも前の商業炉の開発を目指す」としています。原子力ビジョン懇談会の第五回会合で東京大学大学院の田中知教授が「高速増殖炉サイクルの研究開発は進んでいますし、二〇五〇年ぐらいには国によっては複数基が入っているような状況になっているかと思います」と述べています。あまりの楽観論にあきれますが、仮に一〇〇歩ゆずってそうなったとしてすら、二〇五〇年にもなって世界全体で「複数基が入っている」くらいのことでは、温室効果ガス削減にはほとんど何の意味もありません。二〇五〇年といえば、温暖化防止対策の「長期目標」のゴールの年なのです。

核融合に至っては、研究炉であるＩＴＥＲをこれからつくるという段階で、あてにならない運転開始予定で二〇一八年です。実用化はいつになるか、というよりそもそも実用化できるとも思えません。「革新的技術開発ロードマップ」では「21世紀中葉までに実用化の目処を得るべく研究開発を促進する」とありますが、およそ非現実的な時期設定と言えます。

発電用新型炉は、「ロードマップ」で「二〇三〇年の市場において優位性を目指す」とされました。これがいちばん直近ですが、Q12に見るように、そもそも「二〇三〇年の市場」なるものが存在するかどうかすら怪し

核融合のしくみ（一例）

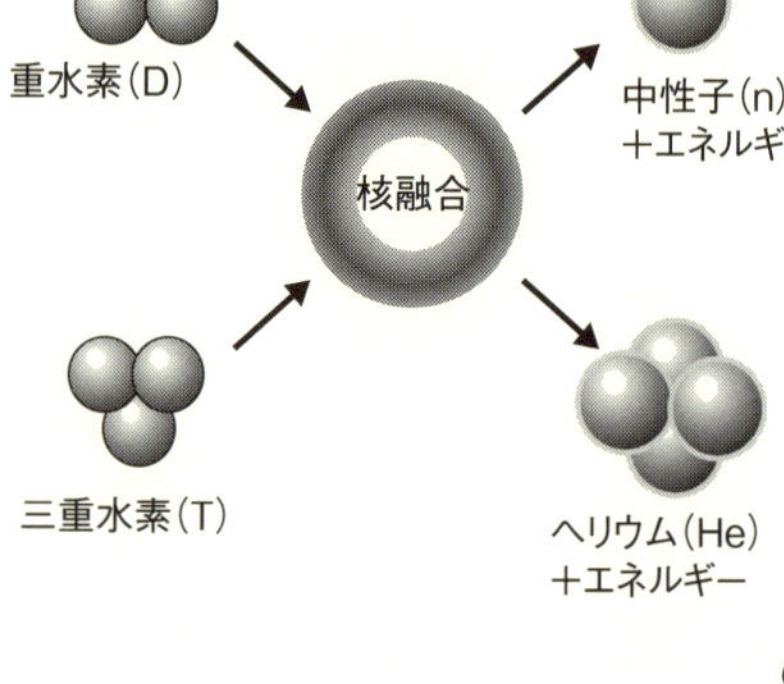

いのですから、優位性も何もあったものではないでしょう。

ちなみに日本電機工業会原子力部の中川晴夫部長（当時）は二〇〇五年四月二七日、「エネルギー問題に発言する会」に招かれて、こう発言していました。「電気事業者の買い気が起こる（より安くて、より安全な）革新炉の開発が必要との議論があるが、今の電力は買う必要が無く、従って買う気がないのだから、電力事業者の意向を良く確かめる必要がある」。

ともあれ、かりそめにせよ「役に立つ」と言えるものが何ひとつ予算化できない点に、原子力による温暖化対策の非有効性は一目瞭然です。

そのことこそ、原発で地球温暖化防止をというキャンペーンがいかに本気でないかの証明とも言えます。こと原子力に関しては、かくもでたらめが横行《おうこう》しているという見本です。

ひょっとしたら環境省は、そうやってわざと抵抗勢力の経済産業省や文部科学省のおかしさを丸見えにしようとしているのでしょうか。

日本電機工業会
一九四〇年に設立された日本電機製造協会の後身。何度かの衣替えののち、日本電機工業会として四八年に発足、五四年に社団法人認可。

エネルギー問題に発言する会
原子力業界ＯＢらが、彼らにとって不本意なマスコミ報道への批判・抗議を目的として二〇〇一年に設立した団体。

環境省
一九七一年に、総理府の外局として発足した環境庁が、二〇〇一年の省庁再編により格上げされた。閣内での力はなお弱い。

文部科学省
二〇〇一年の省庁再編により文部省と科学技術庁が合体して発足した省。もんじゅやイーター関連施設などの推進行政を担当する。

Q11 CO_2削減には、あと何基の原発が必要ですか？

原発が役に立つと仮定しての話ですが、そのためにはどれだけの原発を増やさなくてはならないのですか？　はっきりとした目標数はあるのですか？

毎年三二基

原子力ビジョン懇談会の第五回会合で、田中知教授は世界規模での原発の必要基数について「例えば二〇五〇年で一〇〇〇基から一五〇〇基ぐらいの原子力発電所が入ってこないと有効な貢献はないのではないかと思っている」と発言しています。同教授は第四回会合にも「二〇五〇年ごろに世界で何基あるかわかりません。現在四四〇基ですけれども、もしかしたら一〇〇〇基あるいは一五〇〇基かわからない」と述べており、近藤駿介《こんどうしゅんすけ》原子力委員長も「二〇五〇年に一〇〇〇基あるいは一五〇〇基の原子力発電所が稼働しているためには」と言及していましたから、それが原子力ビジョン懇談会のベースになっているようです。

なお「少数意見」かもしれませんが、第五回会合では日本経済団体連合会の柴田昌治《しばたまさはる》資源・エネルギー対策委員長（日本ガイシ会長）の次のような発言もありました。

「アメリカの前の駐日大使のハワード・ベーカーさんは、アージェントな地球気候変動に対処するためには一〇万キロワットぐらいの小型原子炉を開発して、世界あちこちの都市で原子力発電所を一万ぐらい作らなければならないと言っている」。

国際エネルギー機関（IEA）は二〇〇八年六月、『エネルギー技術展望二〇〇八』を発表し、「二〇五〇年の排出量を半減するBLUEシナリオ」では、毎年、CCSつきの化石燃料火発を五五基、原発を三二基、大型風力発電設備を一万七五〇〇基、そして二億一五〇〇万平方メートルの太陽光発電パネルの設置が、それぞれ必要になるとしました。

これにより原子力発電による電力供給量は現在の約三・六倍の九兆九〇〇〇億キロワットアワーとなり、LNG火発で供給した場合と比較して年間四一億トンのCO$_2$が削減できるといいます。Q4で見た原子力ビジョン懇談会の貢献予測よりだいぶ強気ですが、それでも標準ケースからの削

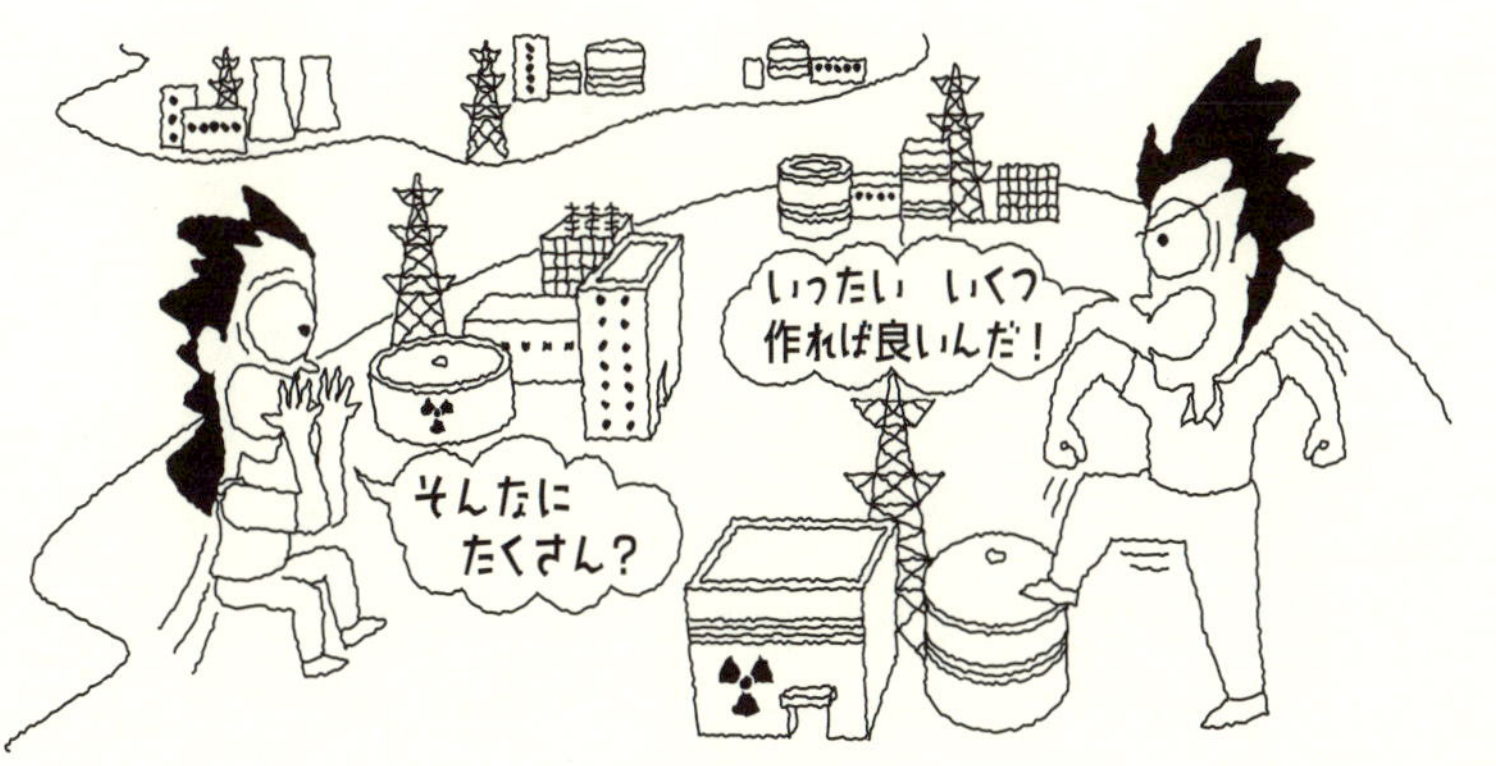

減が必要とされる四八〇億トンの八・五パーセントです。つまり、ここで必要な基数というのは、それで万事ＯＫという削減効果が期待できるほどのものでもないわけです。

そもそも削減必要量がそれほど大きくならないうちに、有効な対策をとらなければいけないのではないでしょうか。

日本での必要基数では、二〇三〇年度までに一億キロワットの原発を建設し、地球温暖化を防ぐ救世主にしようというのが、ＣＯＰ３当時の原子力利用長期計画でした。

原子力利用長期計画
正式には「原子力の研究、開発及び利用に関する長期計画」。原子力委員会によりほぼ五年おきに策定されてきたが、二〇〇五年には「原子力政策大綱」と改められた。

Q12 原発の増設は現実的ですか？

八・五パーセントの削減効果のために、たくさんの原発を建設することが現実にできるのでしょうか？　反対が強いので新規立地はできないとも聞きましたが？

現実でなく妄想

ＣＯＰ３の翌一九九八年六月のことです。四日に電気事業審議会需給部会が長期電力需給見通しを、一一日に総合エネルギー調査会需給部会が長期エネルギー需給見通しをまとめました。原子力については二〇一〇年度に六六〇〇〜七〇〇〇万キロワットとされ、一九九八年度の電力供給計画（同年三月発表）における原発の開発計画で二一基の新増設により七〇七八万キロワットになるとされていたのに対応します。

しかしその「見通し」は、はじめから単なる数字合わせにすぎないものでした。総合エネルギー調査会の会長で需給部会委員の茅陽一《かやよういち》慶應義塾大学教授（当時）自身が「実現するとはおそらくだれも考えていないのでは

電気事業審議会
通商産業大臣の諮問機関《しもんきかん》。二〇〇一年の中央省庁再編に伴い、経済産業大臣の諮問機関である総合資源エネルギー調査会の電気事業分科会に変わっている。

総合エネルギー調査会
通商産業大臣の諮問機関。二〇〇一年の中央省庁再編に伴い、経済産業大臣の諮問機関、総合資源エネルギー調査会となった。

ないか」と言い（一九九八年七月一三日付『電気新聞』）、電気事業審議会需給部会の委員をつとめた東京理科大学の関根泰次《せきねやすじ》教授に至っては「虚像もしくは妄想《もうそう》に類する」（九八年八月一四日付『電気新聞』）とまで言い出す始末です。二人とも原発推進を強く主張した人たちですが、妄想を「国策」にした責任は、いったいどうなるのでしょうか。

実際のところ、二一基のうち運転に入ったものは四基。現在建設中で二〇一〇年度までに運転に入る予定のものが一基です。巻《まき》一号、珠洲《すず》一、二号、芦浜《あしはま》一、二号の五基は計画が撤回され、一一基は延期を繰り返して二〇一〇年度には間に合わなくなりました。そのなかからさらに計画が撤回されるものも出てきそうです。他方、二〇年間で新たに計画が浮上したのは一基のみ。今後浮上する見込みはありません。

二〇三〇年度に一億キロワットという計画は、「原子力立国計画」では二〇三〇年から二一〇〇年まで五八〇〇万キロワットで変わらずと、大きく後退しました。二〇一〇年に六六〇〇〜七〇〇〇万キロワットという見通しも、たしかに妄想に終わることになりました。

今後浮上する計画が仮にあったとしても、役に立たないことは確かで

原子力立国計画

総合資源エネルギー調査会電気事業分科会原子力部会が二〇〇六年八月にまとめた報告書。電力会社、メーカー、国の「三すくみ」を解消するため、まず国が前面に出るとした。

1998年度電力供給計画における原子力開発計画

原子炉名	運転開始計画	現状
女川3号	2002年1月	運転開始（計画通り）
東通1号（東北電力）	2005年7月	運転開始（2005年12月）
福島第一7号	2005年7月	2014年10月に延期
浜岡5号	2005年8月	運転開始（2005年1月）
志賀2号	2006年3月	運転開始（計画通り）
福島第一8号	2006年7月	2015年10月に延期
大間	2007年7月	建設中（2012年3月に延期）
東通1号（東京電力）	2007年度	2015年12月に延期
上関1号	2008年3月	2015年度に延期
泊3号	2008年度	建設中（2009年12月に延期）
敦賀3号	2008年度	安全審査中（2016年3月に延期）
巻1号	2008年度	白紙撤回
浪江・小高	2008年度以降	2019年度に延期
東通2号（東京電力）	2008年度以降	安全審査中（2018年度以降に延期）
島根3号	2009年4月	建設中（2011年12月に延期）
敦賀4号	2009年度	安全審査中（2017年3月に延期）
東通2号（東北電力）	2009年度以降	2019年度以降に延期
珠洲1号	2010年度	実質的白紙撤回
珠洲2号	2010年度	実質的白紙撤回
芦浜1号	2010年度	白紙撤回
芦浜2号	2010年度	白紙撤回
上関2号	2011年度以降	2018年度に延期

原子力立国計画による将来ビジョン（20年前のビジョンとの比較）

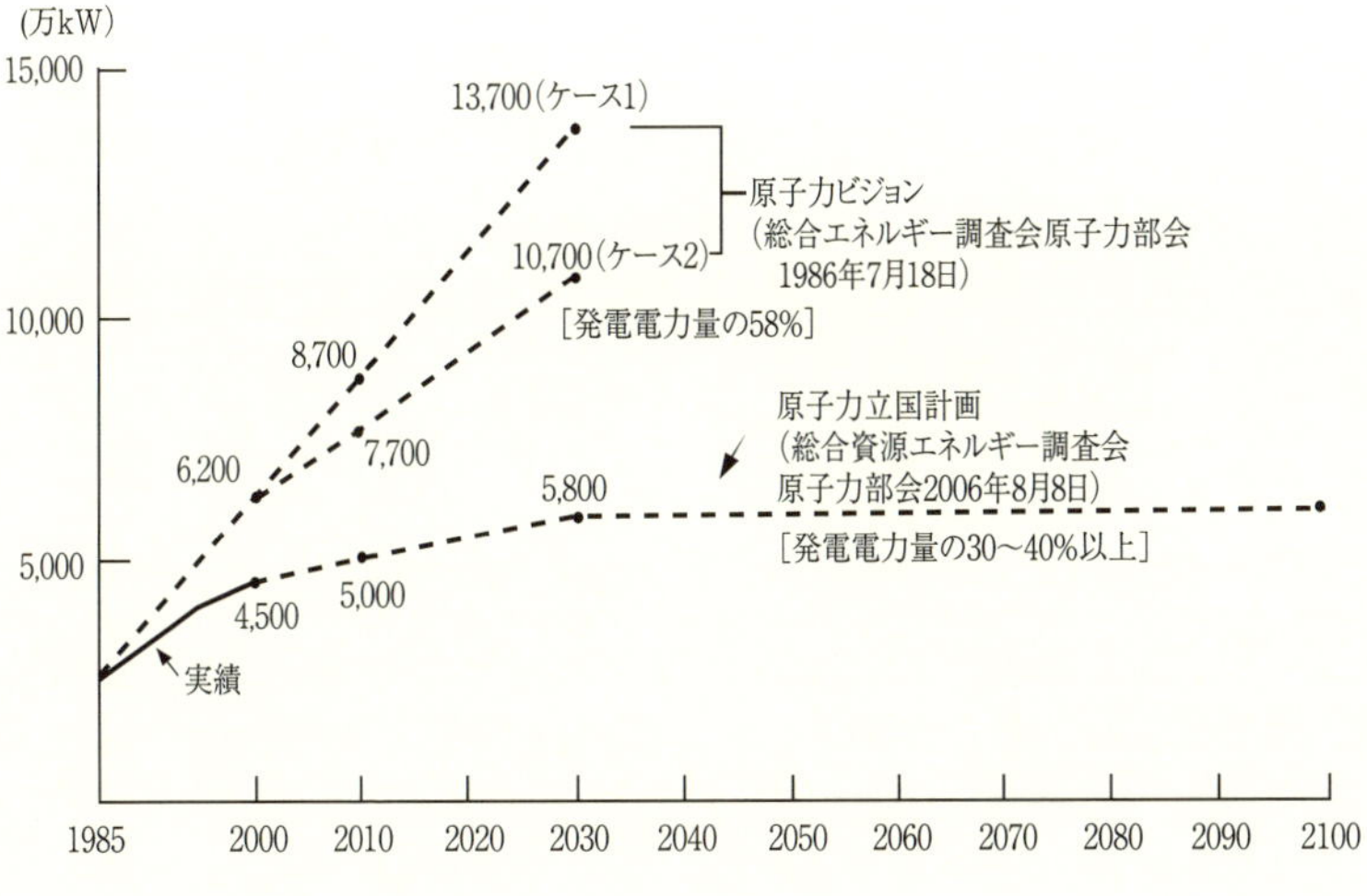

原子力発電所が運転を開始するまでの期間（日本の例）

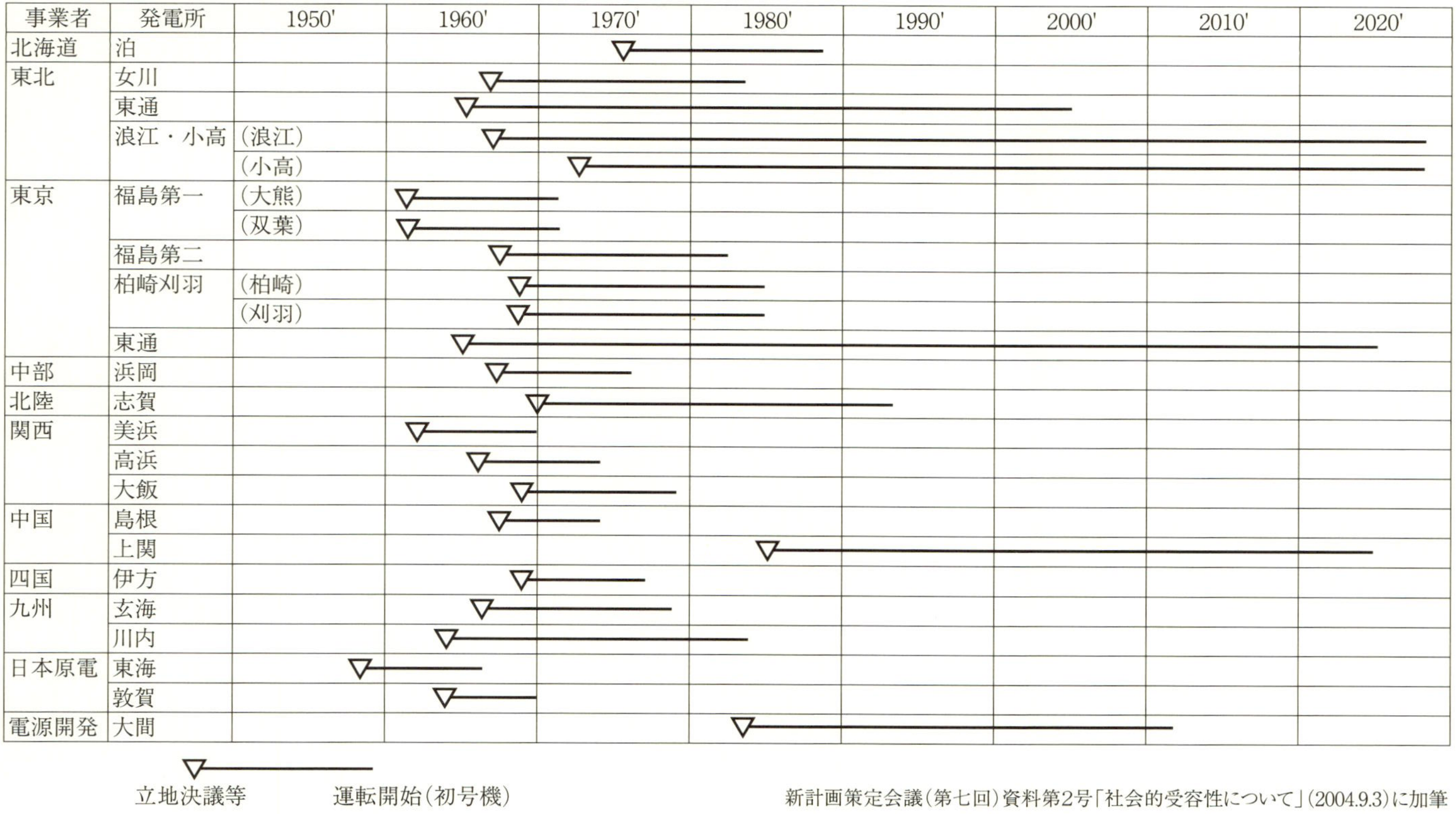

新計画策定会議（第七回）資料第2号「社会的受容性について」（2004.9.3）に加筆

す。原子力ビジョン懇談会がまとめた各電源特性比較表では「電源開発のリードタイム（立地申し入れ〜運用開始）」が原子力では概《おおむ》ね二〇年以上と、石炭や天然ガスの二倍になっています。

これに対し山本良一座長は、第六回会合で不満を示しました。「その辺の住宅だって一年で建つんだから、現代の先端技術を動員すれば、もっと短くしないと、世界の緊急事態に間に合わないという話になりますね」と、めちゃくちゃな論理で噛《か》みついています（それだけ温暖化への危機意識や責任感が強いということなのでしょうが）。しかし、二〇年ですら短いのが日本の現実です。

「東京電力の東通《ひがしどおり》原子力のように、コスト面からだけ見ればとても見合わないようなプラントしか、これからの新規立地では出てこない」（二〇〇〇年八月二八日付『電気新聞』コラム「観測点」）し、そもそも原発が実際に動き出して危険性が知られてきた一九七〇年代以降に浮上して着工までに至ったのは大間《おおま》原発のみ。他の計画はどこでも強い反対で着工どころか撤回ないし立ち消えに追い込まれているのです。

新規立地でなく増設なら、というのも容易ではありません。増設といっ

原発建設阻止阻止状況

計画浮上時期	断念ないし未着工	建設中	運転中
1960 年以前			東海
1961 〜 65 年	芦浜	もんじゅ	敦賀、美浜、福島、川内、志賀、東通
1966 〜 70 年	日高、浪江・小高、田万川、巻、古座、那智勝浦		高浜、玄海、浜岡、島根、伊方、大飯、女川、ふげん、泊、柏崎刈羽
1971 〜 75 年	熊野、浜坂、田老、久美浜、珠洲		
1976 〜 80 年	阿南、日置川、豊北、窪川	大間	
1981 年以降	上関、萩、青谷、串間		

ても大型化が必至ですから、地元との交渉は新規立地並みの対応が必要となります。既設の老朽炉の廃止とセットにもなります。大型化は、電力会社にとってても難題となります。

『原子力ｅｙｅ』二〇〇五年一〇月号の座談会「〝原子力発電新時代〟へのマイルストーン」で、司会の「原子力発電所をそんなにつくっていけるのか」との問いに、電気事業連合会の勝俣恒久会長（当時）は、「立地云々よりは、むしろ電力需要の方が大きな課題です」と答えていました。「原子力立国計画」では、電力各社の二〇〇五年度から一〇年間のピーク電力の伸びを三六万キロワット（北陸電力）から八四八万キロワット（東京電力）と見込んでいます。大きい方の第二位は二二七万キロワット（中部電力）ですから東京電力は特別です。座談会当時最大級の「出力一三八万キロワットというのは、会社によっては非常に大きい、東京電力でも大きい」（勝俣会長＝当時）のです。とてもおいそれとはつくれません。なお、開発中の次世代炉は一八〇万キロワット級とされています。

原子力ビジョン懇談会報告書の資料（巻末一五〇ページ）には建設・計画中の原発が世界で一二七基、将来構想は二二二基と最大限の数値を掲げています。その建設・計画中の一二七基に日本の一三基が、具体的検証もなしにふくまれているのに対し、将来構想の二二二基に日本の原発は一基しか数えられていないというのが、そうした事情をよく反映しています。

原子力バブルの実情

日本ではダメだけれど、世界的に見れば「原子力バブル」と名づけられるほどの勢いで原発が増え、温暖化対策に役立つ――と言えるかというと、それも怪しいものです。三〇基以上の新設計画があるアメリカの動向について、日本エネルギー経済研究所戦略・産業ユニット原子力グループの村上朋子《むらかみともこ》リーダーは『エネルギーフォーラム』二〇〇八年九月号に寄せた論文「原子力ルネッサンスは『本物』か?」で、「原子力発電は現在、米国電気事業者が進んで自ら選択する新規電源ではない」と断じています。許可申請が相次いでいるのも、「各社とも『今はとりあえず』積極的に取得活動をしている、というだけのことである」と。権利だけ取得しておいて、支援策などの様子を見るということです。

原子力ビジョン懇談会より確実性の高い基数をまとめている、日本原子

原子力バブル
一時低迷していた原子力が息を吹き返したかに見える現象。「原子力ルネサンス」と呼ぶ向きもある。

日本原子力産業協会
産業界の総意に基づく原子力推進団体。一九五六年発足の社団法人日本原子力産業会議が二〇〇六年に改組して誕生。

力産業協会の『世界の原子力発電開発の動向』(二〇〇八年四月)によれば、建設中の原発は四三基あるというのですが、そのうち、着工から二〇年以上経っても運転が開始できないものが一〇基あります。計画中の五三基では、計画浮上から二〇年以上経っても着工できないものが、やはり一〇基くらいあります。他方で運転開始から三〇年を過ぎたものが一一五基あり、うち三六基は三五年を経過しています。廃炉となるもののほうが多くなるのは確実です。

この『世界の原子力開発の動向』では、アメリカで計画中の原発としては、建設が中断されていて計画立て直し中の一基のみしか数えていません。許可申請ラッシュは無視されたかっこうです。

原発を本格的に増やそうとしたら、ウラン濃縮工場、燃料加工工場、放射性廃棄物や使用済み燃料の貯蔵施設、同最終処分場を、さらに再処理-プルトニウム利用路線をとるなら再処理工場やプルトニウム貯蔵施設、プルトニウム燃料加工施設などの施設も増やす必要があります。初めて原発を導入しようという国では、インフラの基盤整備や安全規制、核拡散防止措置など社会的な整備も必要となります。

建設・運転一括許可(COL)

アメリカにおける原発建設手続きで、かつては建設許可と運転許可が別だったが、建設促進のため、原子力規制委員会(NRC)は一九八九年に一括許可へと規制を変更、九二年に法制化された。ただし、初申請は一五年後の二〇〇七年。〇八年九月現在、申請は二〇件にのぼるが、許可は一件もない。

多くの指摘があるように、メーカーでも電力会社でも規制官庁でも、「人材」が不足しています。部品メーカーの原発離れがあります。もちろん、資金調達の問題があり、資材費の高騰などを要因とする建設コストの上昇のため、すでにアメリカで二〇〇八年一月、建設・運転一括許可（COL）申請の取りやめがなされました。「皮肉にも、計画されたCOL申請の中でこれまでにコスト上昇を理由に取り下げられて唯一の申請は、『フォーブス』誌で世界一の富豪とされるB・ハサウェイ氏が所有するミッド・アメリカン・ニュークリアエナジー社のCOL申請である」と、『ニュークリア・エンジニアリング・インターナショナル』二〇〇八年六月号は報じています。

どこの国でも、国や州などによる優遇策の拡大が、実際に原発を建設できるか否かの条件となっています。

いずれにせよ、CO_2の排出量を減少へと転じなければならないこの決定的な一〇年間のうちに、原子力が果たせる役割はまったくなく、二〇年、三〇年でもおよそ期待薄でしょう。

部品メーカーの原発離れ

原発部品は高品質が要求される一方で、コスト削減のために価格が抑えられており、また発注が一定していないとして下請けをやめる動きがある。

建設コストの上昇

数年前には一キロワット当たり二〇〇〇ドル（一五〇万キロワットなら三二〇〇億円）ほどだった建設単価がいまや三・五倍の七〇〇〇ドルにまではね上がろうとしているという。

Q13 設備利用率の向上は現実的ですか？

原発の設備利用率を高めるといわれていますが、かんたんにできるのですか？　何をどのようにすれば利用率があがるのですか？

みじめな実績

日本政府は原発の設備利用率を八八パーセントまで引き上げることを前提にCO_2の排出量削減を見込んできました。「革新的技術開発ロードマップ」では、「欧米主要国（仏を除く）では九〇％程度で運転されている」として、そこまで引き上げることが考えられています。しかし実績は、二〇〇二年度以降の六年間は六〇〜七五パーセントで推移しています。

二〇〇八年七月八日の第一回低炭素電力供給システムに関する研究会に電気事業連合会が提出した資料では、全国の既設原発の設備利用率が一パーセント向上した場合には約三〇〇万トンのCO_2排出削減になるとしています（原発の増加発電量のぶんだけ石油火発の発電量が減ると仮定した場合）。

仏を除く
　仏はフランス。原発の比率が高く、出力調整を行なわざるをえないため、原発の平均設備利用率が八〇パーセントを超えることはない。

低炭素電力供給システムに関する研究会
　資源エネルギー庁電力・ガス事業部が立ち上げた研究会。座長は山地憲治東京大学大学院教授。

原発の設備利用率が七五パーセントから八八パーセントに向上すれば、三九〇〇万トンのCO_2（日本の二〇〇五年度の総排出量の約三パーセント）が削減できる計算です。

原子力安全・保安院は二〇〇八年七月、原発の定期検査の間隔延長をふくむ新たな検査制度の導入に向けた関連省令の改正を決めました。現行では一三ヵ月以内を原則としている間隔を、原子炉ごとの評価により一八ヵ月以内、さらには二四ヵ月以内に延長できるようにするものです。この間隔延長を急ぐのは、世界の各国と比較しても低すぎる原発の設備利用率を引き上げるためだと言われます。しかし日本の原発が満足に動かないのは、検査制度に理由があるからではないでしょう。頻発《ひんぱつ》する事故、不正の発覚、耐震設計《たいしんせっけい》の誤りに起因する地震被害、点検修理の長期化こそが、利用率を下げている主因です。

二〇〇二年八月の東京電力の点検結果虚偽報告《きょぎほうこく》をきっかけに二〇〇三年四月一五日、同電力の原発一七基がすべて止まりました。二〇〇七年七月一六日の新潟県中越沖地震では、柏崎刈羽原発の七基すべてが止まり、長期の停止を余儀《よぎ》なくされています。安全審査時の地震想定の誤りが、原因

全原発平均設備利用率の推移

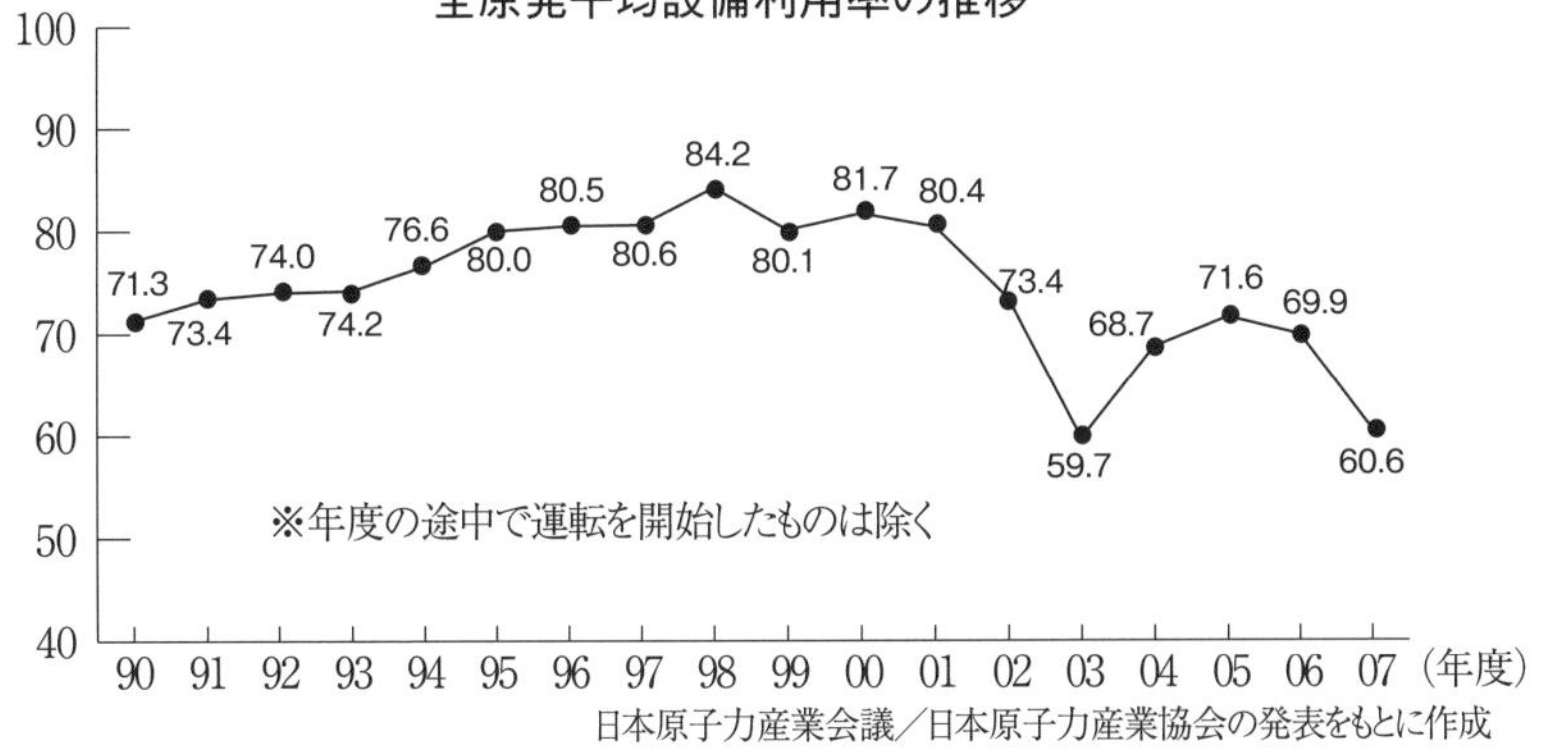

日本原子力産業会議／日本原子力産業協会の発表をもとに作成

です。

そもそも原発は、巨大な危険性を抱えているため、事故で自動停止したり手動停止されたりはもとより、周波数などの小さな変動があっても運転が止まるように手厚く保護されています。言い換えると、送電系統のちょっとした異常で止まり、設備利用率を下げるのです。そして、いったん止まるとすぐには運転を再開できません。

送電線に雷が落ちて電気の送り先を失った原発が止まることもよくあります。緊急停止なので、それに伴うトラブルがありえます。明らかなトラブルがなくとも検査をして安全を確認する必要があるため、送電系統が復旧してもすぐには原発は動かせないのです。

出力向上のたくらみ

設備利用率の向上が難しいなら、原子炉の出力を上げるという手もある、と原子力ビジョン懇談会の第四回会合に内閣府の原子力政策担当室（原子力委員会の事務局）が「比較的即応性の高い貢献策として」提案しました。欧米ではすでに実施されており、たとえば既設の四九五八万キロワ

原子力安全・保安院
　原子力利用などの規制に当たる資源エネルギー庁の「特別の機関」。二〇〇一年の中央省庁再編で旧科学技術庁の規制担当課も吸収して、資源エネルギー庁から独立した。

定期検査
　原発などで定期的に行なうことが法に定められている検査。

周波数
　周波数は非常に厳密に制御されていて、一定の変動幅を超えると発電機の運転ができなくなる。原発では、その幅がほとんどない。

緊急停止
　原子炉を緊急に停止させることは機器に負担をかけて損傷を招いたり、事故のきっかけとなったりする。

ットの日本の原発のすべてで五パーセントの出力向上ができれば、二四八万キロワットと原発二基の増設、あるいは三・五パーセントの設備利用率向上に匹敵《ひってき》するというのです。

日本原子力発電の東海第二原発では、高圧タービンの動翼《どうよく》の一部を取り替えるなどして二〇一〇年から約五パーセントの出力向上運転を実施するべく、準備がすすめられているそうです。将来的には最大二〇パーセント程度の出力向上ができるよう再循環ポンプの改造も行なわれる、と二〇〇七年一〇月一二日付『日刊工業新聞』が報じていました。

とはいえ、「安全上問題なし」と言うには少なくとも何年間か動かさなくてはならず、その後、電力会社や国の安全確保の姿勢への不信を強めている地元自治体を説得して了解を取りつけなくてはなりません。どんなにうまくいっても、「短期的に可能な対応」とはならないでしょう。

再循環ポンプ
沸騰水型原発で原子炉から冷却水を取り出し、再び戻すポンプ。流量を変えることで原子炉の出力制御を行なう。

プロブレムQ&A

Ⅳ

原発こそが温暖化を促す

Q14 原発頼みの数字合わせが破綻すると、どうなりますか？

原発が地震などで止まって、CO_2排出量が増えたと聞きました。原発でCO_2を削減できないとすると、温暖化は防止できないのですか？

原発停止でCO_2排出

Q13でみたように、COP3に向けて日本政府は、二〇一〇年度までに原発二一基を増設することを対策のひとつの柱としました。現実には、そのうちせいぜい五基しかできそうにありませんから、およそあてにならない対策だったと言えます。しかも既にある原発にしても、いっせい停止や長期停止があるのですから、原発が有効だとして数字上の辻つま合わせにつかうことの無意味さは、はっきりしているでしょう。

東京電力は、中越沖地震による柏崎刈羽原発の七基全基停止で二〇〇七年度のCO_2排出量が前年度より三〇パーセント増え、一億二六〇〇万トンに達しました。志賀《しか》原発の二基が臨界事故隠《りんかいじこ》しとタービン動翼の損傷

臨界事故隠し

一九九九年六月、定期検査中の志賀原発一号機で、核反応を制御する制御棒三本が抜け落ち、運転停止中なのに「核反応がおきて持続する」臨界状態となる事故となった。この事故を北陸電力は二〇〇七年三月まで隠していた。臨界事故隠しは福島第一原発の二、三号機でもあったことが、つづいて発覚した。

で一年間止まったままだった北陸電力では、前年度より四四パーセントも増えて、一九〇〇万トンになりました。耐震補強工事のためとして浜岡原発五基中の二基が止まったままだった中部電力がほぼ前年度なみだったのは、前年度も前々年度もその前も、うち一基はさらに二年さかのぼって止まっていたからです。

電力会社の2007年度のCO_2排出量
（カッコ内は06年度比、%）

	CO_2排出量（百万トン）	電力量（1キロワット時）あたりのCO_2排出量（キログラム）
東京	126（29.6）	0.425（25.4）
中部	65（1.3）	0.470（▲2.3）
関西	55（10.7）	0.366（8.3）
中国	43（5.1）	0.677（1.3）
東北	40（11.5）	0.473（7.3）
九州	34（7.6）	0.387（3.2）
北陸	19（43.7）	0.632（38.3）
北海道	17（11.3）	0.517（7.9）
四国	11（10.7）	0.392（6.5）
沖縄	7（1.6）	0.934（0.2）
10電力	合計417（14.3）	平均0.453（10.5）

（注）一部概算、速報値を含む。▲はマイナス

『日本経済新聞』2008年8月13日より

一〇電力会社の合計では一四パーセント増の四億一七〇〇万トンです。この増分は、日本全体のCO_2排出量の四パーセントほどに相当します。

一キロワットアワーあたりの排出量も、一〇電力会社の合計で一〇パーセント増の〇・四五キログラム。電気事業連合会が二〇〇八〜二〇一

一〇電力会社
北海道、東北、東京、中部、北陸、関西、中国、四国、九州、沖縄の各電力。全国を一〇の供給区域に分けて、独占的に電力を供給している「一般電力会社」。

二年度の目標としていた〇・三四キログラム程度というのは、一〇電力会社に卸電力会社の電源開発、日本原子力発電を加えた一二社の目標ですから比べにくいのですが、あえて比べると目標の一・三倍になります。

原発頼みの数字合わせは、はじめから破綻《はたん》するに決まっていた以上に、大きく崩壊しています。「それでは温暖化が防止できない」と強引に原発の運転を再開したりしても、問題を先送りして、より深刻にするだけです。原発頼みの数字合わせこそが有効な対策のじゃまをしている（→Q19）のですから、そうした架空《かくう》の数字合わせを早くやめて具体的な対策をすすめる以外に温暖化を防止できる道はありません。

卸電力会社
一般電力会社に電力を卸売りしている会社。

電源開発
コミュニケーションネームは「Jパワー」。敗戦後の経済復興に向けて一九五二年に設立された卸電力の国策会社だが、二〇〇四年に民営化された。

日本原子力発電
北海道から九州までの九電力会社と電源開発が共同出資した原子力専業の卸電力会社。一九五七年に設立。敦賀、東海第二の二原発の計三基を有する。

Q15 エネルギー消費は伸ばしながら、CO_2を減らせますか？

エネルギー消費は増えつづけています。電力の一部を「低炭素」の電力に置き換えるだけでよいのでしょうか？　エネルギー消費を抑える方法はありますか？

省エネへの転換

総合資源エネルギー調査会の需給部会が二〇〇五年三月にまとめた「二〇三〇年のエネルギー需給展望」では、「省エネルギー進展ケース」のみとはいえ、二〇三〇年度の最終エネルギー消費の見通しが二〇〇〇年度の実績を下回るとされました。右肩上がりの成長をよしとしてきた過去の同部会の長期需給見通しからすれば、画期的《かっきてき》なことです。しかし他の四つのケースでは、いずれもエネルギー消費は増えつづけるとしていました。「新エネルギー進展ケース」でさえ変わらないというのは、新エネルギー、とりわけ自然エネルギーの特性を無視した数字合わせしかしていないからでしょう。それはさておくとしても（自然エネルギーが省エネルギーをすす

総合資源エネルギー調査会
経済産業大臣の諮問機関。日本のエネルギー政策はここで決められる。

めるという考えかたについては、七つ森書館刊の拙著『エネルギーと環境の話をしよう』をご参照ください）、需給部会の報告は各ケースをならべただけです。「省エネルギー進展ケース」が望ましいと選択されたわけでもありません。

いや、二〇〇八年五月に前記部会がまとめた新しい長期エネルギー需給見通しでは、「現状固定」「努力継続」「最大導入」と省エネルギーを基準にケース設定をしていますから、ようやく省エネルギーが選択されたということでしょうか。「現状固定」ではエネルギー消費が二〇〇五年度実績を一四パーセント上回り、「努力継続」では横ばい、「最大導入」で一三パーセントの減となります。

とはいえ、その「最大導入ケース」とは、次のようなケースだそうです。「実用段階にある最先端の技術で、高コストではあるが、省エネ性能の格段の向上が見込まれる機器・設備について、国民や企業に対して更新を法的に強制する一歩手前のぎりぎりの政策を講じ最大限普及させることにより、劇的な改善を実現するケース」。

いかにも実現しそうにないと言っているような、あるいは実現してほし

西尾漠著『エネルギーと環境の話をしよう』七つ森書館

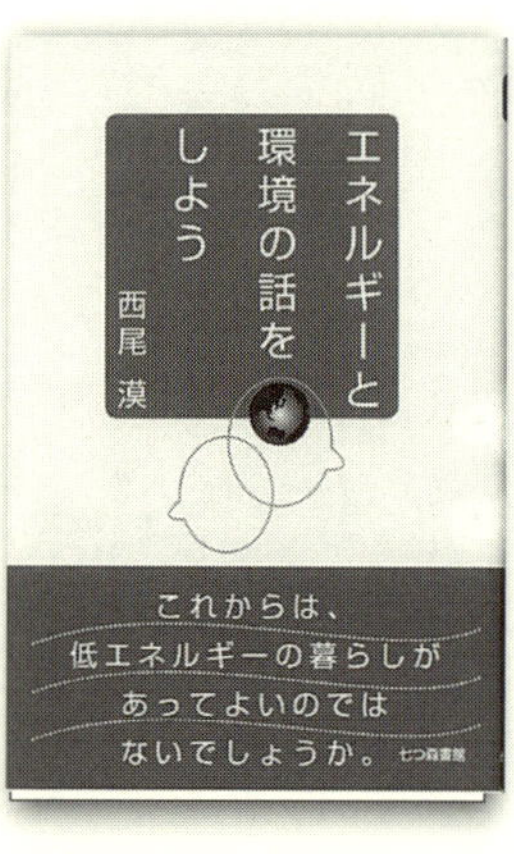

くないような説明です。それではCO$_2$は減らせません。「低炭素」の電力供給といっても原子力は役に立たないのですから、CO$_2$削減のためにはエネルギー消費を早急にマイナスに転じさせなくてはならないのです。原子力に注ぎ込まれるお金を回すだけで「最大導入ケース」の説明が言うような強制的な政策ではなく、資金力のない中小企業や各家庭でも「最先端の技術」を活用できるようにできます。また、そうする必要があります。そのようにしてエネルギー消費の小さな社会への転換に本気で取りくむことができるのです（詳しくはQ23）。

ところが原発は、省エネルギーに逆行します（Q16）。原発を動かしつづけながらエネルギー消費の小さな社会をつくることはできません。

Q16 原発とは、省エネに逆行するものなのですか?

原発を増やすとエネルギー消費も増えてしまうとは、どういうことですか? それは電力化ということと関係がありますか?

つくった電気は売るしかない

なぜ原発を増やすと、エネルギー消費が拡大されてしまうのでしょうか。それは、原子力では電気しかつくれないからです。原発の増加は、エネルギーの利用形態を電気中心に変えていくことで初めて成り立ちます。

原子力は、電気の形にしてからでなくては利用できません。原子力自動車も原子力ストーブも存在しないことは、周知のとおりです。原子力で水素をつくり燃料電池で電気の形にして自動車を動かすとの宣伝もありますが、そこまでして原子力をつかう意味はなさそうです。

生田豊朗《いくたとよあき》・日本エネルギー経済研究所理事長(当時)の発言に耳を傾けてみましょう。

原子力で水素
高温ガス炉という開発中の原子炉をつかい、水を熱分解して水素をつくることが考えられている。

燃料電池
水素と酸素が反応して水になるときの化学エネルギーを電気に変える装置。

「原子力は発電といいますか、一種の発電用燃料としてしか使えない、という制約があるわけですね。（略）やはり電化率を上げるということが原子力政策の前になければならないと思います」（『原子力工業』一九八三年四月号）

そのうえ原発は、刻一刻と変化する電力需要の変化に合わせて出力を細かく調整することはできません。需要の小さい夜間だけ出力を下げるような大まかな調整は可能ですが、その場合も温度変化のくり返しが燃料を傷め、放射能の放出量が増えることのほか、複雑な運転管理が事故の機会を増やすこと、経済性を悪化させることなどの問題があります。そのため原発は、停止しているとき以外は常にフル出力で運転されます。それに見合った電力需要が必要とされるのです。

経済性の観点からも原発は動かしつづけることが要請されます。原発は燃料費が安いとされる反面、建設費が火発の二倍以上になるからです。そこで、少しでもよけいに動かさないと採算がとれません。泊原発が運転を開始した直後の一九八九年七月二〇日付『電気新聞』のインタビューで、北海道電力の戸田一夫社長（当時）が述べていたように、「作ったものは

電力の需要と供給の関係

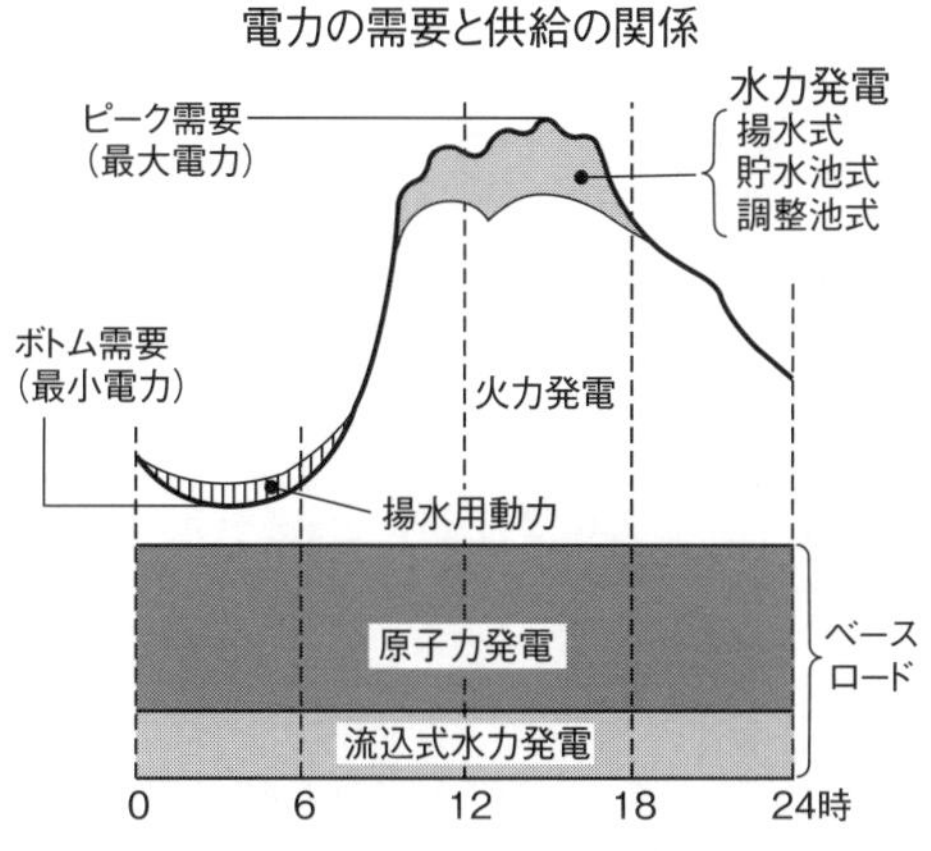

売る」しかないのです。現に北海道電力の電力需要実績をグラフにしてみれば、原発の運転開始に合わせて電気料金を値下げし、需要の増大を促していることがわかります。同じ傾向は、他の電力会社の需要実績にも見られます。オール電化住宅が大宣伝されるのもこれと無縁ではありません。とりわけ夜間の低需要時の余剰電力をいかにつかわせるかが問われるからです。

需要がなくてもおかまいなしに発電するしかない、つくってしまった電気はつかわせるしかない——というわけです。おまけに、石油や石炭なら、電力需要が少なくて燃やす量が減れば、ほかの用途につかえますが、核燃料は発電にしかつかえません。

電力化がむだをすすめる

原発の増加がエネルギーの利用形態を電気中心に変えていくことの結果、何が起こるのかを見るとしましょう。

「原子力への傾斜は電気の形の燃料供給の割合を増すことになり、したがって放出熱対供給燃料比を著しく増大せしめる結果になる」と、P・チ

P・チャップマン
イギリスの物理学者。オープン・ユニヴァーシティにエネルギーの講座をつくり、教授をつとめた。

ヤップマンはエネルギー収支を論じた『天国と地獄』（中西重康訳、みすず書房）のなかで書いていました。原発や火発で電気をつくるには、供給燃料に比して多くの熱を捨てなくてはならないのです。

最新の原発で発熱量の六五パーセント、最新の火発でも四〇パーセントが、温排水の形で捨てられます。放出熱は、きわめて大きなものとなるのです。そこで省エネルギーのためには、電気をつかう必要のない用途には電気をつかわない「電気のノーブルユース」が望ましいとされています。電気の形にしてしかつかえない原子力は、省エネルギーに反するのです。

しかも、電力化率を上げていくということは、熱で電気をつくって（多くの熱は捨てて）その電気を熱として利用するようなむだなつかいかたをすすめます。『天国と地獄』から、もう少し引用をつづけましょう。「一次燃料で電気に変換されるものの割合がふえればふえるほど、不適切な用途に用いられる電気の量はふえるであろう」「したがって、電気への転換は燃料使用効率の低下を必然的に導くものではないけれども、現実には低下を招くことになろう」。

高木仁三郎著『このままだと「20年後のエネルギー」はこうなる』（カ

電気のノーブルユース
ノーブル（貴重）な電気は、そのノーブルさに見合ったつかいかたをすべきだという考え方。「石油のノーブルユース」のほうがよく聞かれ、その場合は、他のものでも可能な発電に石油をつかわないことが「ノーブルユース」となる。

電力化率
一次エネルギーに占める電力の比率。

損失エネルギー
発電時の排熱など、有効につかわれなかったエネルギー。

タログハウス）は、日本でエネルギー供給に占める電力の比率が高まるにつれて、損失エネルギーの割合が増大していることを、資源エネルギー庁のデータをもとに指摘していました。

ヒートポンプによって効率のよい熱利用もできるようになったとはいえ、電力利用の増大が省エネルギーに反することは、基本的には変わりません。

原発は、自身が電力消費の増大を要求するだけでなく、他の発電所も増やして、さらに電力の消費増を求めます。結果として電力化率をいっそう高め、ますます省エネルギーに反するのです。CO_2の放出も、けっきょく増えることになります。

議論の分かれ目はエネルギー消費を拡大しつづけるか否かであり、原発はエネルギー消費を拡大しつづけることと切り離せないところに問題があります。エネルギー消費の拡大を支えるために原発が要るのではありません。原発のある社会が、エネルギー消費の拡大を促すのです。

電力化率の進展と損失の増大

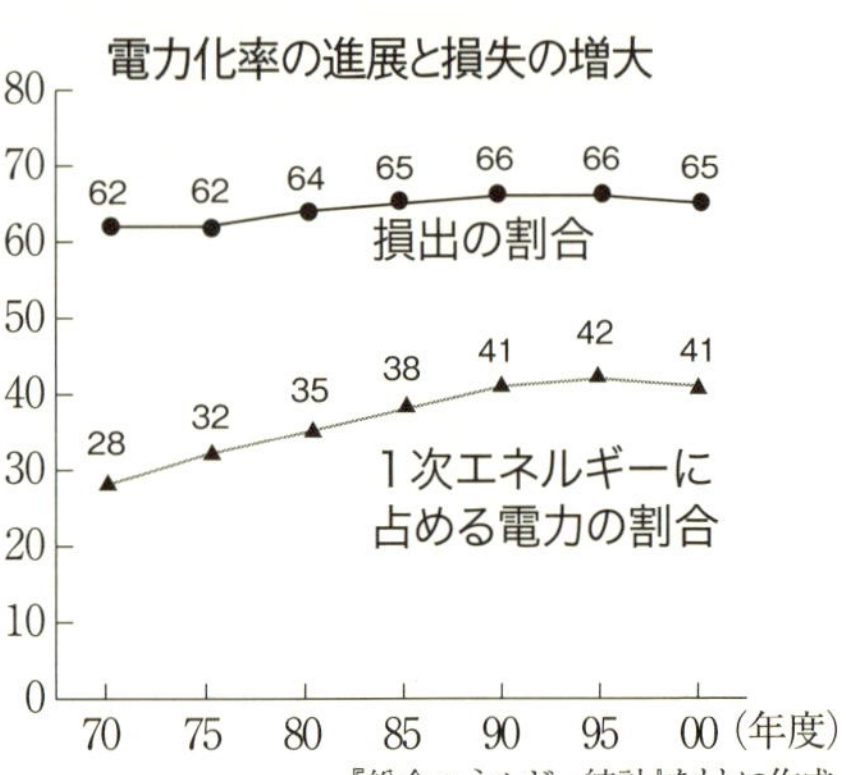

『総合エネルギー統計』をもとに作成

ヒートポンプ

大気や地下水などのもつ熱、人工排熱を汲み上げ有効利用するポンプの意。電気やガスなどによる動力をポンプにして投入エネルギーの数倍のエネルギーを得ることができるとされ、冷暖房や給湯などに利用されている。

Q17 原発を増やすと、火発も増えてしまうのですか？

原発が火力発電を増やすというのは、どんな理由からですか？　火発が増えればCO_2の排出量もそれだけ増えてしまいますよね？

出力調整用・バックアップ用

原発では、電力の需要の変化に合わせた出力の調整ができない（→Q16）ため、出力調整用にはほかの発電所が要ります。原発を増やせば、それに応じて出力調整用の発電所も増やさなくてはならないことになります。また、事故で止まることの多い原発は、バックアップ用の発電所も増やす必要があります。

原発は一基あたりの出力がとても大きく、最近のものでは一三八万キロワット（安全審査中のものでは一五四万キロワット）にもなります。そこで、事故で停止すると、そのぶんのマイナスも大きくなります。さらに、事故によっては、当の事故をおこした原子炉の停止だけですまず、そのあおりを受けて同じ原発にいくつかある全部の原子炉をいっせいに停止せざるをえなくなるという可能性がつきまとっています。

チェルノブイリ原発の事故では、四号炉で事故がおきたために、一号炉から四号炉までの合計四〇〇万キロワットが止まりました。スリーマイル島原発の事故では、二号炉の事故で、一号炉と合わせて一七五万キロワットが止まっています。

さらに、事故の大きさによっては、ほかの発電所も全部止めなくてはならないことだって、おこらないとは言いきれません。

事故がおきたときのバックアップ用には、低出力で動いていて、すぐに出力を上げられる火発や、揚水発電所（↓Q3）が必要です。それらは出力調整用にもつかわれますが、バックアップまで考えるとかなりの大きさの火発をもっていないといけないことになります。

チェルノブイリ原発の事故

一九八六年四月二六日、旧ソ連ウクライナ共和国の原発で発生した原子炉暴走事故。写真は泣きながら避難する住民。

スリーマイル島原発の事故

一九七九年三月二八日にアメリカの原発でおきた燃料の溶融崩壊事故。

Q18 現実には石炭火発が増やされているのですか?

過去の実績でも将来の計画でも石炭火発の増加傾向がみられるというのはほんとうですか? なぜ、温暖化に逆行するようなことをするのですか?

石炭は二一世紀のエネルギー

原発のPRばかり目につくので意外かもしれませんが、電力会社がいませっせと建てているのは、実は火発です。二〇〇八年五月一九日に総合科学技術会議が発表した「環境エネルギー技術革新計画」も言います。「再生可能エネルギー、原子力利用の拡大を図るにせよ、エネルギーの安定供給のためには、引き続き、化石燃料は重要なエネルギー源である」と。

火発のなかでも、石炭火発の建設が相次いでいます。原発が事故・トラブルで長く止まったときのバックアップのために建てられているということもあります。あるいは、原発から石炭火発への移行が行なわれていると見ることすらできそうです。

総合科学技術会議
内閣総理大臣を議長とし、関係閣僚と有識者を議員とする「重要政策に関する会議」のひとつ。

東京電力の依田直《よだすすむ》常務（発言当時。のち副社長、原子力委員）が、日商岩井（現・双日《そうじつ》）のPR誌『トレードピア』一九八八年三月号で、こう語っていました。「二〇〇〇年ぐらいまでは原子力が主力で、二一世紀に入るころには石炭のほうに移行していくのではないかとかんがえています」。

石炭といえば、石油以上に「公害」が問題になります。また、CO_2の放出量が最も多い燃料です。地球の温暖化をふせぐためにCO_2の放出を抑えようとしているのに、なぜ「石炭が二一世紀のエネルギー」なのでしょうか。さすがに最近では表立って石炭を二一世紀のエネルギーにとは言わなくなりましたが、二〇〇五年一一月四日付『電気新聞』の一面には「石炭火力新時代へ」の大活字が踊っていました。題字下のコラム「デスク手帳」にいわく、「地球環境の時代に旗色悪し。さりとて群抜く埋蔵量。安さも抜群。新技術で光るか黒いダイヤ」。

電力中央研究所の新田義孝企画部部長（当時）は、一九九八年三月二四日付『日経産業新聞』で言います。

「日本が欧州連合（EU）同様に脱石炭を進めると、アジア諸国・地域の石炭技術の向上に支障を来し、アジアでの二酸化炭素（CO_2）排出量

「公害」
石炭火発の「公害」としては、硫黄《いおう》酸化物、チッ素酸化物、あるいはさまざまな重金属をふくんだダストの放出による人体や農業などへの影響がある。

の抑制が難しくなる。アジアのCO_2排出量の抑制には石炭火力、なかでも石炭ガス化複合発電の早期実用化を進め、普及を急ぐべきだ。日本は良質の石炭を輸入しているので、低品質の石炭、それも地域によって異なる品質の石炭をも使える技術を確立し、普及に努める必要がある」。

なるほど、理屈と膏薬《こうやく》はどこにでもつくものですね。たしかに石炭火発の効率を比べると、日本は中国やインドの一・四倍（二〇〇四年度実績）と高く、日本で運転中の最高効率を中国・インドの石炭火発に適用すれば九億六〇〇〇万トンと、日本の全電力会社の放出量の倍以上のCO_2削減効果がある（資源エネルギー庁電力・ガス事業部―第一回低炭素電力供給システムに関する研究会資料）そうですが、それならまず日本国内の全石炭火力に最高効率を適用するのが先でしょう。

石炭火力の発電効率の国際比較

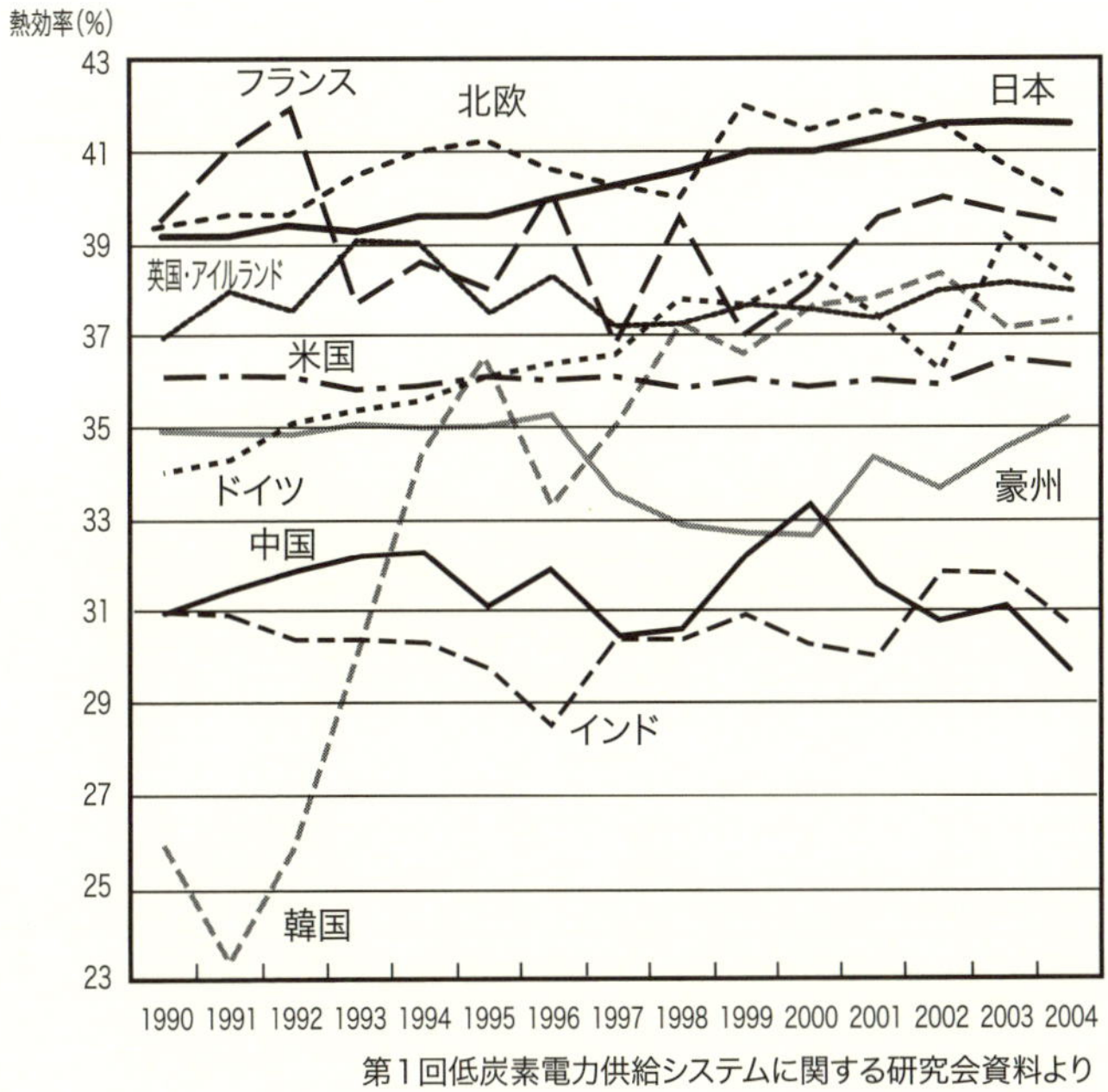

第１回低炭素電力供給システムに関する研究会資料より

原子力から石炭へ

それはともあれ、現実に各電力会社は、いまなお原子力よりも積極的に石炭火発の建設をすすめています。それも「次世代型石炭ガス化複合発電」「七〇〇度超級超々臨界圧発電」といった、「石炭火力新時代へ」のいう新技術以前の石炭火発を推進しているのです。

東京電力は茨城県東海村に一〇〇万キロワットの大型石炭火発「常陸那珂《ひたちなか》火発」の一号機を運転し、さらに電源開発の計画を譲り受けた二号機を建設中です。〝原子力のメッカ〟が〝石炭火発のメッカ〟に変えられようとしているわけです。

現地ではこのことをどう説明していたか。一九八九年四月九日付の『朝日新聞』で、一号機の建設計画当時の東京電力が地元説明会用につくった想定問答集の一部が、茨城大学の大江志乃夫教授（当時）のエッセイ中に紹介されていました。いわく——

「最近、CO_2の増加によって地球が温暖化するということがいわれておりますが、必ずしも科学的に解明されたものではありません」

次世代型石炭ガス化複合発電
石炭をガス化してガスタービンをまわし発電、その際の排ガスも利用して蒸気タービンでも発電するのが「石炭ガス化複合発電」。「次世代型」はさらに排ガスで水素をつくり燃料電池とも組み合わせようとしている。

七〇〇度超級超々臨界圧発電
高圧高温の蒸気条件で効率よく発電する「超々臨界圧発電」の蒸気圧力・温度をさらに上げ、より効率を高めようとするもの。

京都議定書後10年間（1998～2007）
電気事業用各電源の増減

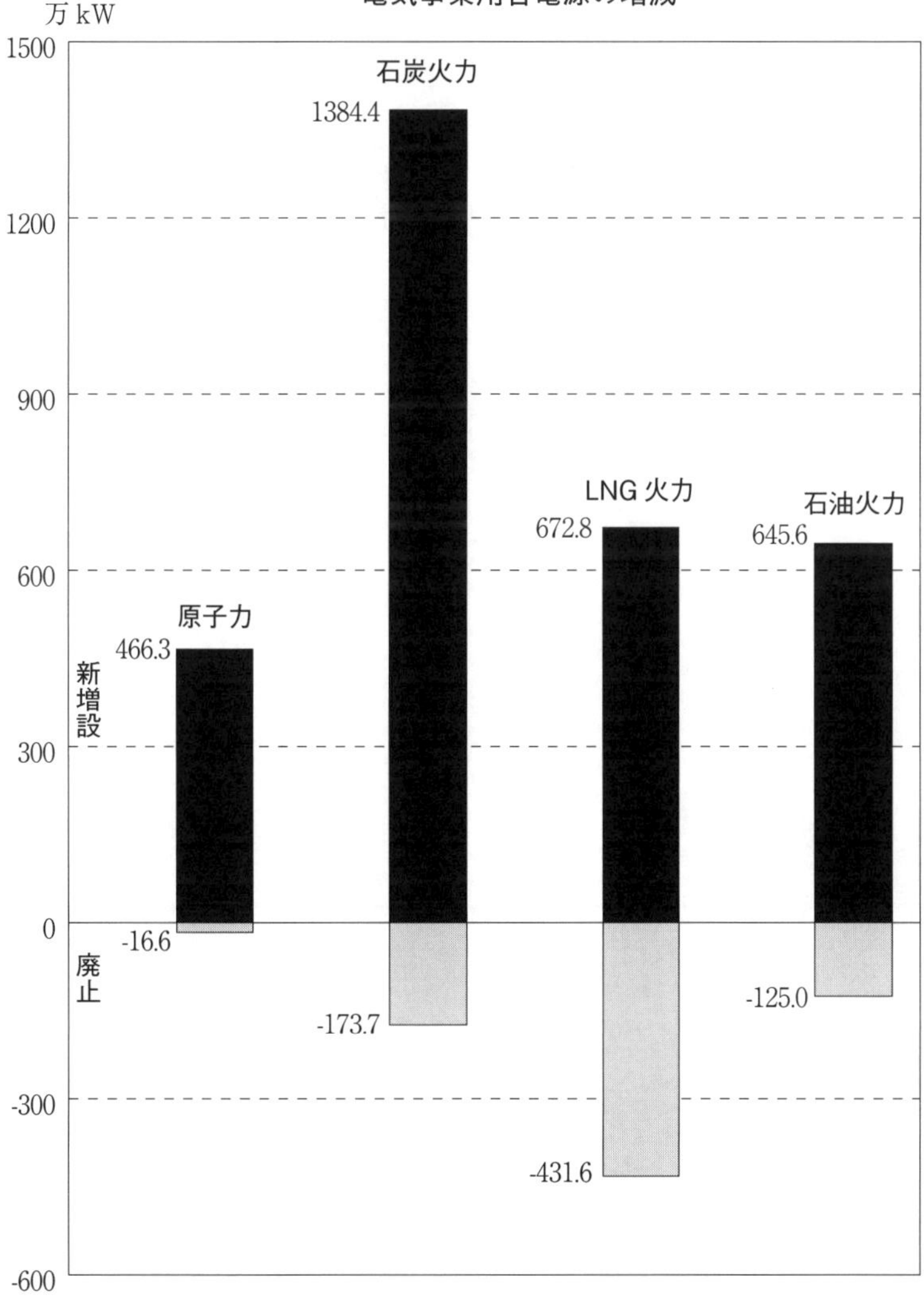

Q19 原発は温暖化防止をじゃましているのですか?

原発推進のおかげで温暖化防止がすすまないということがあるのでしょうか? 原発には多大な費用がかかるので、ほかの対策がすすまないのですか?

有効な対策を妨害

CO_2の発生源は火発のみでなく(といっても、実に三〇パーセントほどを占める最大の発生源ですが)、温室効果をもつ物質も、CO_2に限られません。火発からのCO_2放出の一部を減らせるか、それもむりかという原発に頼った温暖化対策は、ほんらい行なうべき対策を遅らせ、むしろ温暖化を進めてしまいます。

省エネルギー技術の開発・普及やライフスタイルの見直しなどによるエネルギーの効率的利用、風力や太陽光・太陽熱、小水力、バイオマスといった自然エネルギーの活用、公共交通や自転車の活用などをすすめる交通政策・風の道づくりや緑化の推進、あるいは都市機能の分散化といった都

2005年各国のエネルギー研究開発予算

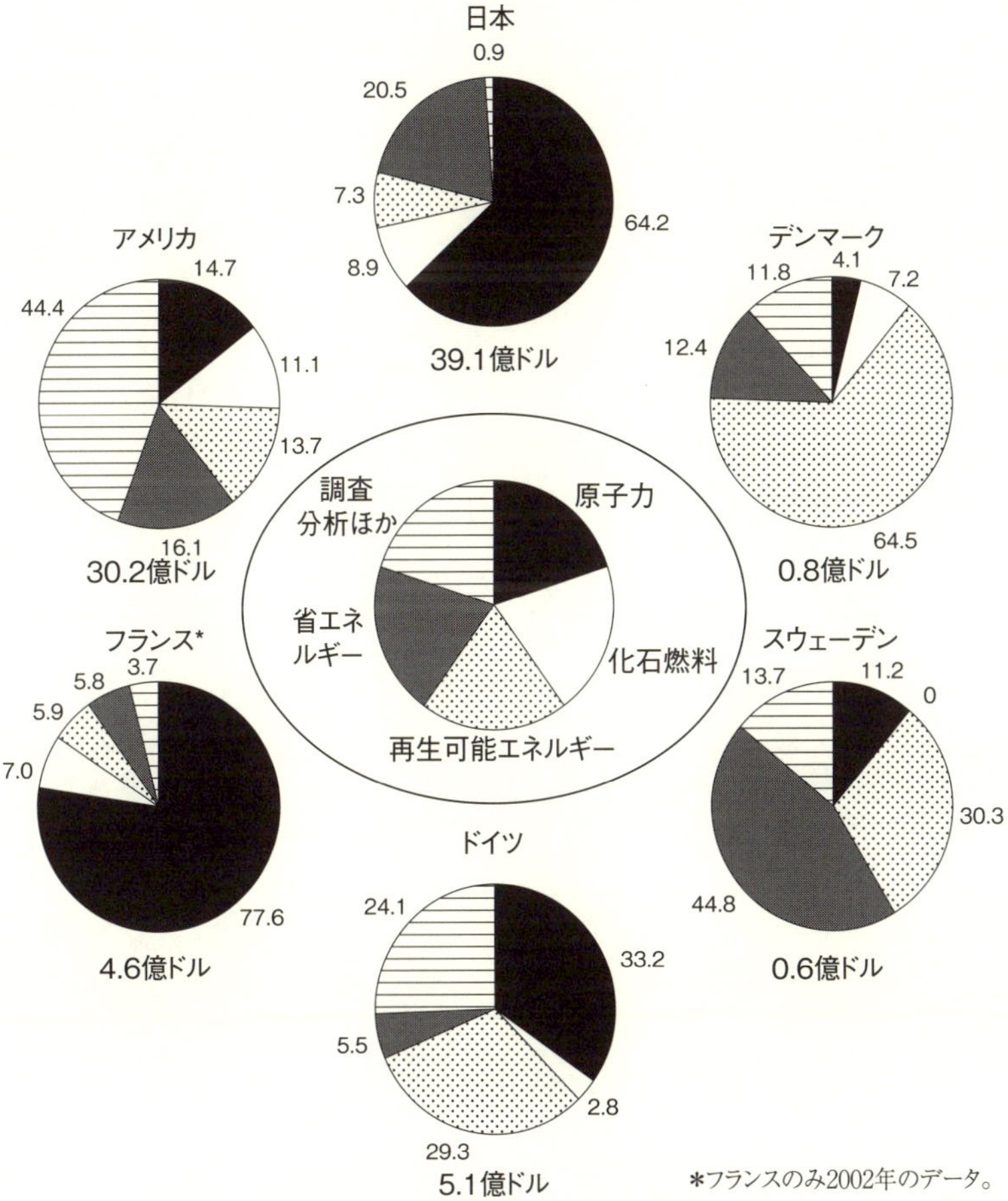

*フランスのみ2002年のデータ。

IEA:Energy Policies of IEA Countries 2005 Reviewのデータをもとに作成

電気事業における2006年度研究費予算
（10電力+電発+原電+電中研）

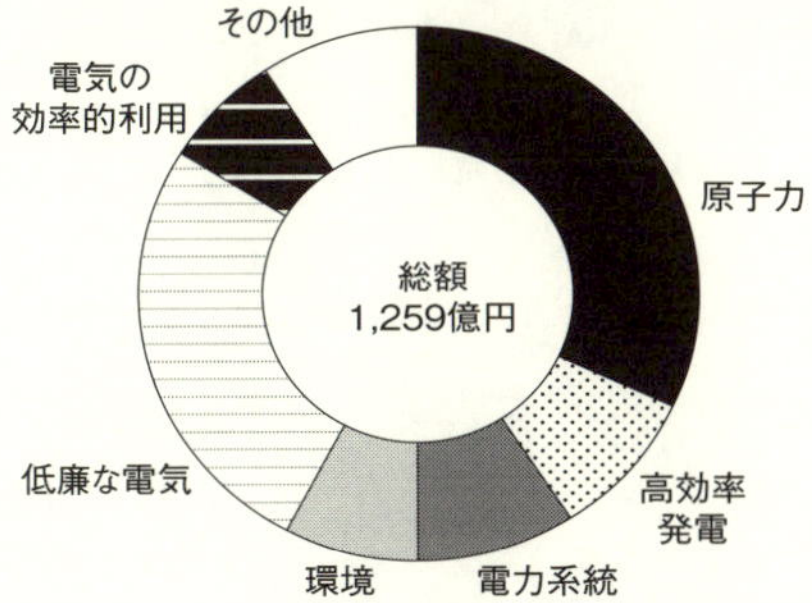

『2005年度中央電力協議会年報』より

市政策など、原発をつくるよりコストが安く、CO_2の排出抑制や温暖化影響の軽減の効果が確実で早くあらわれる対策がいくらでもあるのです。

原発に多大な金額を注ぎ込んでしまえば、そうした有効な対策にまわせる金額が圧迫され、進められません。日本政府のエネルギー研究開発予算は六四パーセントが原子力に注ぎ込まれ、省エネルギーやエネルギー貯蔵などには二一パーセント、再生可能エネルギーには七パーセントしかあてられていないのです（二〇〇五年度）。電力会社の研究開発費も、原子力に予算の三二パーセントが投じられています（二〇〇六年度）。

さらに、原発を柱とした温暖化防止対策は、エネルギーの大量消費がこれからもつづけられるとの誤解を与え、エネルギーと環境の問題を本気で考えることの邪魔《じゃま》をします。その意味でも、地球環境の悪化を進めることになるのです。原発に頼っていては、持続可能な社会は望めません。

地産地消に逆行

地球温暖化問題に関する懇談会が二〇〇八年六月一六日にまとめた提言「『低炭素社会・日本』をめざして」には、次のような一節があります。「低

70%削減を可能にする需要削減・供給側エネルギー構成例

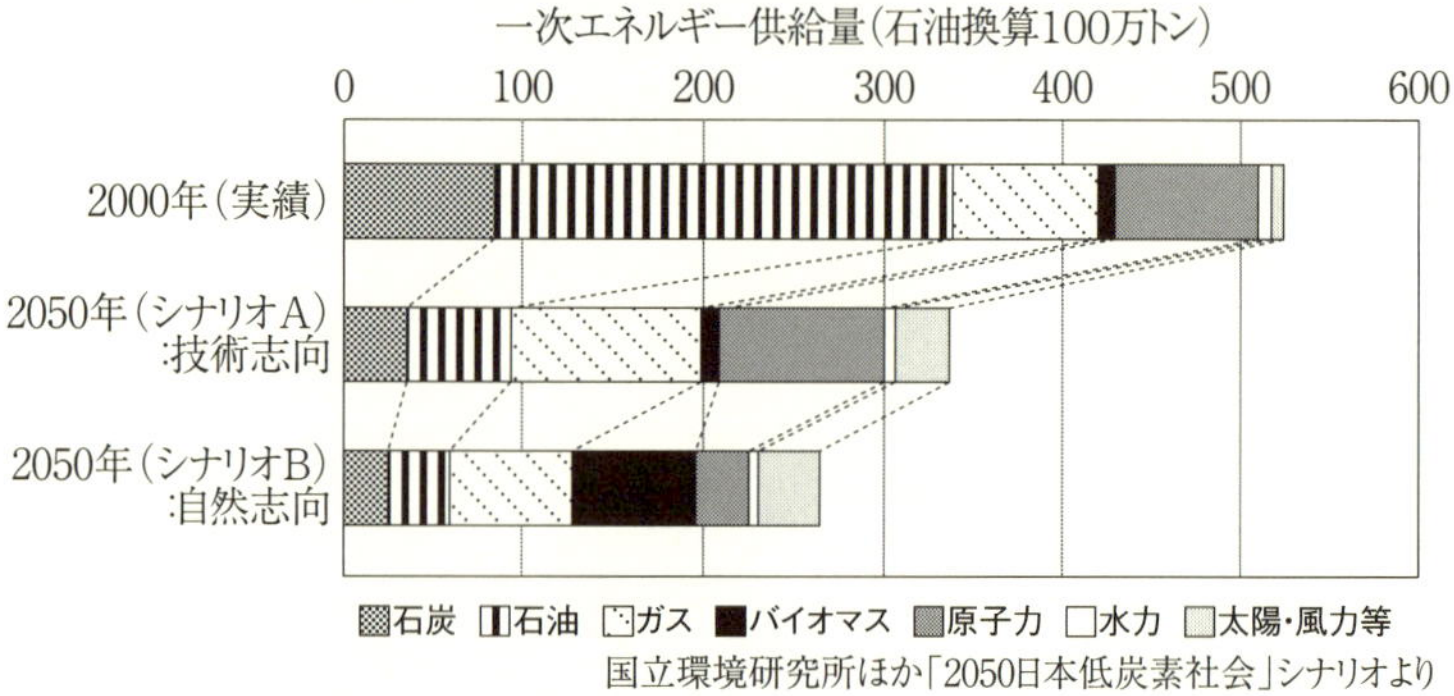

国立環境研究所ほか「2050日本低炭素社会」シナリオより

炭素型の地域や都市は、域内の人やモノの移動は炭素をあまり排出しない形でなされるよう設計されている。また、地産地消型の食糧供給やバイオマス、太陽光、風力、地熱など地域にあるエネルギーが十分に活用されている。そこでは人々は、自然や地域とのつながりを取り戻し、地球への負荷を減らすだけでなく身も心も軽やかに生きている」。

そんな地域社会がつながりあって「低炭素な国」を形づくるというのなら、原子力発電を拡大していくという別の箇所での記述との矛盾は覆《おお》うべくもありません。スウェーデンが八〇年三月の国民投票で脱原発を選びとった当時のミュルダール環境相の言葉を、ハイライフ出版部刊の『原子力VSソーラー』から借りれば、「原子力エネルギーに有利な構造は、時には太陽エネルギー（またエネルギー保全）を不利な立場に追いやる」のです。

国立環境研究所と京都大学などでつくられた「2050日本低炭素社会シナリオ」でも、「原子力など既存の国の長期計画との整合性」を前提としたうえでなお、「都心から地方・農山村への人口流出がすすみ、人口や資本の分散化が進展」するとしたシナリオBでは、原子力の供給量を二〇〇〇年実績の半分以下としていました。

地産地消型
その土地で生産したものは、産地で消費し、余分な移動はさせない方式。

一九八〇年三月の国民投票
スウェーデンでは国民投票により、当時運転中・建設中・発注済みの一二基の建設・運転は認められたものの、二〇一〇年までに順次廃棄していくことが決められた。一九九九年に一基目、二〇〇五年に二基目が廃棄されているが、二〇一〇年までというゴールは先延ばしされた。

国立環境研究所
一九七四年に発足した国立公害研究所の後身。九〇年に改組され、国立環境研究所となった。二〇〇一年、独立行政法人。

プロブレムQ&A

V

脱原発へ

Q20 電力業界は本気で温暖化を防止しようとしているのですか？

電力業界の温暖化防止姿勢は、信用できるのでしょうか？　本気なら、もう少し実現可能な提案がなされてもいいと思うのですが？

温暖化対策には消極的

原子力発電を増やして地球温暖化にブレーキをかけようとは、電力会社も本音ではまったく考えていません。原子力委員会が原子力ビジョン懇談会の設置を決めたとき、電力業界の専門紙『電気新聞』は、「デスク手帳」というコラムに、こう書いていました。「温暖化だけ目を奪われても。伸びぬ需要。闇雲につくる訳には」（二〇〇七年六月二〇日付）。

原発をつくれと言われていちばん困るのは、「伸びぬ需要」に泣く電力会社なのです。

電力業界が温暖化対策に消極的なことは、二〇〇八年三月二一日付『電気新聞』の「デスク手帳」が、「国滅びて山河冷め」と「金科玉条の温暖化

最大電力の推移(9社合計、発受電端)

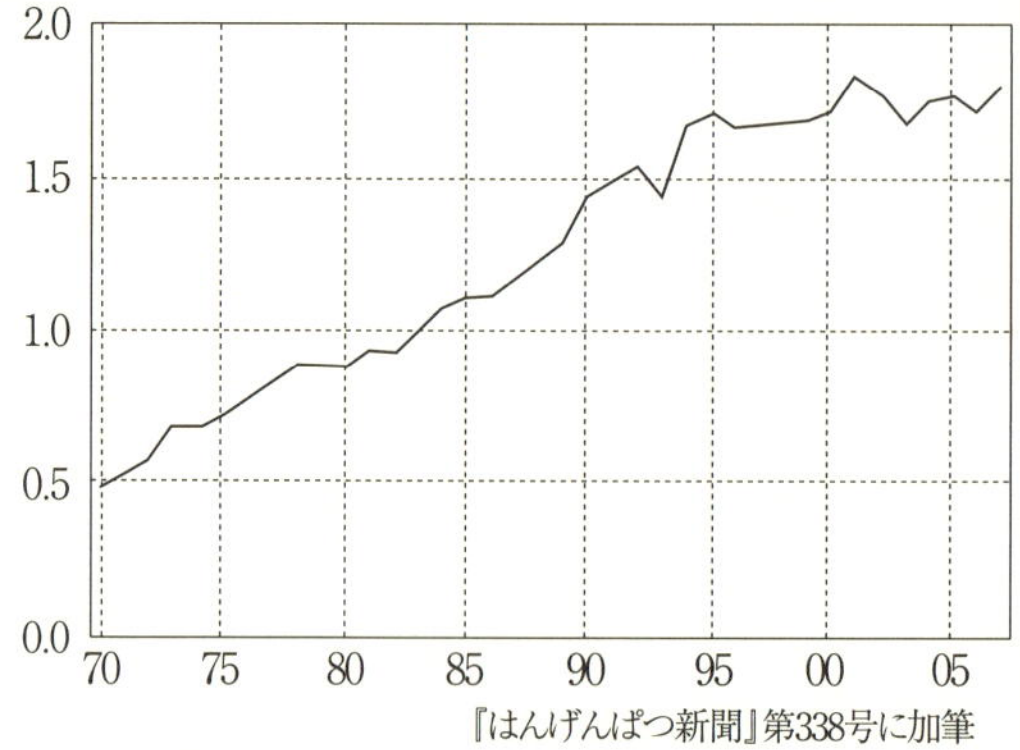

『はんげんぱつ新聞』第338号に加筆

対策」に反発したり、六月一八日付けの同コラムが政府の地球温暖化問題に関する懇談会報告書「『低炭素社会・日本』をめざして」を「目標つくって一安心。後は野となれ低炭素」と揶揄《やゆ》したりしていることにはっきり見てとれます。

個人誌『原発雑考』を出しつづけている愛知県豊橋市の田中良明《たなかよしあき》さんが、同誌二〇〇八年七月号に「CO_2排出削減　中電の本音」を書いています。

「私も加わっている反原発株主運動グループが、毎年中電［中部電力］の株主総会で株主提案を行っている。今年の提案の一つは、CO_2排出削減にたいする中電の本気さをチェックすることを意図したもので、私が作った。提案本文は、定款に『本会社が供給する電力について、二〇三〇年までにその二五％以上を再生可能エネルギー起源のものにする』という条項を加えるというものである。

六月初めに送られてきた株主総会議案書に、この提案にたいする以下のような取締役会の反対意見が記されていた。

『当社は、再生可能エネルギーを補完的な電源として引き続き積極的に導入しながら、原子力や高効率火力を中心に電源開発を進めていくことに

反原発株主運動
電力会社の株主となり、その権利を最大限に活用して電力会社に反原発・脱原発を働きかける運動。一九七九年、九州電力の株主総会に福岡の反原発株主が乗り込んだのがはじまりで、のち全国にひろがった。

株主提案権
要件を充足する株主が株主総会の議題・議案を提案できる権利。複数の株主が共同で提案することもできる。

より、安定供給を果たすとともに地球環境の保全に努めてまいります。したがいまして、取締役会は本議案に反対いたします』。

私は、中電取締役会が私の提案について『なまぬるい』という理由で反対するのではないかと、ひそかに恐れていた。この恐れは杞憂《きゆう》だった。それどころか、取締役会の意見は、CO_2排出削減に本気で取り組むつもりがないことを宣言したに等しいものである。

原子力や高効率火力を中心に電源開発を進めていくという取締役会の意見と、発電量の二五％以上を再生可能エネルギー起源にすることを求める私の提案とは、両立可能である。つまり取締役会の意見は、私の提案にたいする反論になっていないのである。また中電の主張する『原子力や高効率火力を中心に電源開発を進めていく』ことでは、現実的に有効なCO_2排出削減は期待できない。

電力会社のCO_2排出削減方針として、これでは完全に落第である」。

温暖化懐疑論が味方

二〇〇八年七月二七日付の『東京新聞』には、「犯人は本当にCO_2なのか」という、日本経団連の夏季セミナーを紹介する記事が載りました。

「日本経団連が静岡県小山町で開いたセミナー初日の二四日、東レの榊《さかき》原定征《ばらさだゆき》が切り出した。『いま本当に温暖化が進み、犯人は二酸化炭素なのか。もし違っていれば対策も変わる』……うなずく経営者も多くいた」。

東京電力の主張は、Q18で見たとおりです。日本の論壇《ろんだん》をにぎわせている「温暖化懐疑論《かいぎろん》」は、当否は別として、経済界にとって頼もしい味方のようです。

温暖化懐疑論
温暖化そのものに疑問ありとするもの、よい影響があるとするもの、CO_2の温室効果（の大きさ）を疑うものなど、なっとくできるもの、できないもの、玉石混淆でさまざまな懐疑論がある。

Q21 「原発で温暖化防止」宣伝の狙いは何ですか？

温暖化防止が本気でないとしたら、それをうたった大宣伝は何のためですか？誰からもきらわれる原発を何とか促進しようという狙いでしょうか？

原発推進のお役に

「原発で温暖化防止」の大宣伝がなぜ行なわれているのでしょうか。まず考えられる狙いは、文字どおり原発の拡大のために温暖化防止の世論を利用しようということです。

『はんげんぱつ新聞』二〇〇八年一月号の座談会で核燃サイクル阻止一万人訴訟原告団の山田清彦さんは言います。「二〇〇七年四月に原子力産業協会が青森で四〇周年のイベントを開きました。『我々もついこの間まで原子力は終わりだと思っていた。しかし温暖化の問題が注目されるようになったのでこれを好機ととらえて原子力ルネッサンスを』なんて言って皆で拍手をしていました」。

『はんげんぱつ新聞』
反原発運動全国連絡会により一九七八年に創刊された月刊の反原発・脱原発運動専門紙。

核燃サイクル阻止一万人訴訟
青森県六ヶ所村に運転中の核燃料サイクル施設（ウラン濃縮、低レベル廃棄物埋設、高レベル廃棄物貯蔵、

まさに正体見たりです。

原子力ビジョン懇談会の第七回会合では山本良一座長が「やや、今原子力は苦境にありますから、これをルネッサンスで攻めの方向に使おうという、それに少しでもお役に立てればいいんじゃないか」と、懇談会の役割を説明していました。

しかし実際には、世界的な原発拡大動向は一面的な見方に過ぎ、そのとおりに進むかどうかわからないうえに、他方で既設原発の廃炉が確実に進みます。最大限に「拡大」しても「維持」がせいぜいでしょう。

しかも日本では、維持すらとうてい難しい状況です（↓Q12）。そこで焦《あせ》って、何とか電力会社を原発に繋《つな》ぎとめようと経済産業省が打ち出したのが「原子力立国計画」でした。電力会社にとっては迷惑な話で、面子《めんつ》を重んじる政府の狙いではあっても、電力会社の本音からすれば、原子力の拡大という狙いは表向きだけのことかもしれません。

ただし電力会社も、さしあたり既設の原発をすぐに放棄する考えはありませんから、原発が直面しているさまざまな問題への批判をかわす意味では、「温暖化対策」はよい目くらましになります。原発が温暖化対策とし

再処理）を止めようとしている訴訟（ウラン濃縮は最高裁で敗訴確定）。

て有効ではなく、むしろ温暖化を加速しかねないなどと反論をすればするほど、原発をめぐる議論が温暖化対策についてのものだけに限定されてしまうことになるのです。

「地球にやさしい原発」という宣伝の狙いは、現実の地球温暖化問題を本気で解決しようとせずにごまかすことにあります。と同時に、原発が抱えている喫緊《きっきん》の問題への本質的な批判を、宣伝への反論のレベルで吸収してしまう効果も期待されているのだと思います。宣伝にまともに反論すればするほど話が難しくなって、原発の危険性というほんらいの訴えから遠くなってしまいます。

石炭隠し

電力会社にとっても政府にとっても、「温暖化対策に原子力拡大」の宣伝の狙いは、何より現実の温暖化問題を本気で解決しようとせず、舌先三寸でごまかして先送りすることにあるのでしょう。その狙いから思えばお気の毒なことに、原発の多数基停止・長期停止が架空の辻つま合わせのほころびを隠しようもなく露呈《ろてい》させている昨今ではありますが……。

実は電力業界も、表向きの原発推進ＰＲの陰では、高コストでやっかいな原発から手を引きたがっています。某電力会社の社員から二〇〇八年の正月にもらった年賀状には「幹部はほんとうに原発をいやがっています」と書かれていました。「原発で温暖化防止を」のうそを明らかにすることでいちばん喜ぶのは電力業界かもしれません。

いや、「原発で温暖化防止を」の本音はCO_2最大排出産業の実態隠しだとすると、そうとも言えないでしょうか。「温暖化対策に原子力拡大」のうそが暴《あば》かれると同時に明るみに出るのが、日本全体の約三割というCO_2最大排出産業の実態です。

原発をめぐる宣伝とその反論がにぎやかであればあるだけ、その陰にかくれていられるわけです。

原発を前面に出して、温暖化に有効だ・有効でないと議論する陰で、こっそりと石炭火力がつくられています。原発推進論は、石炭隠しがほんとうの狙いだと、筆者は考えています。

国内CO_2排出源の内訳（直接排出）

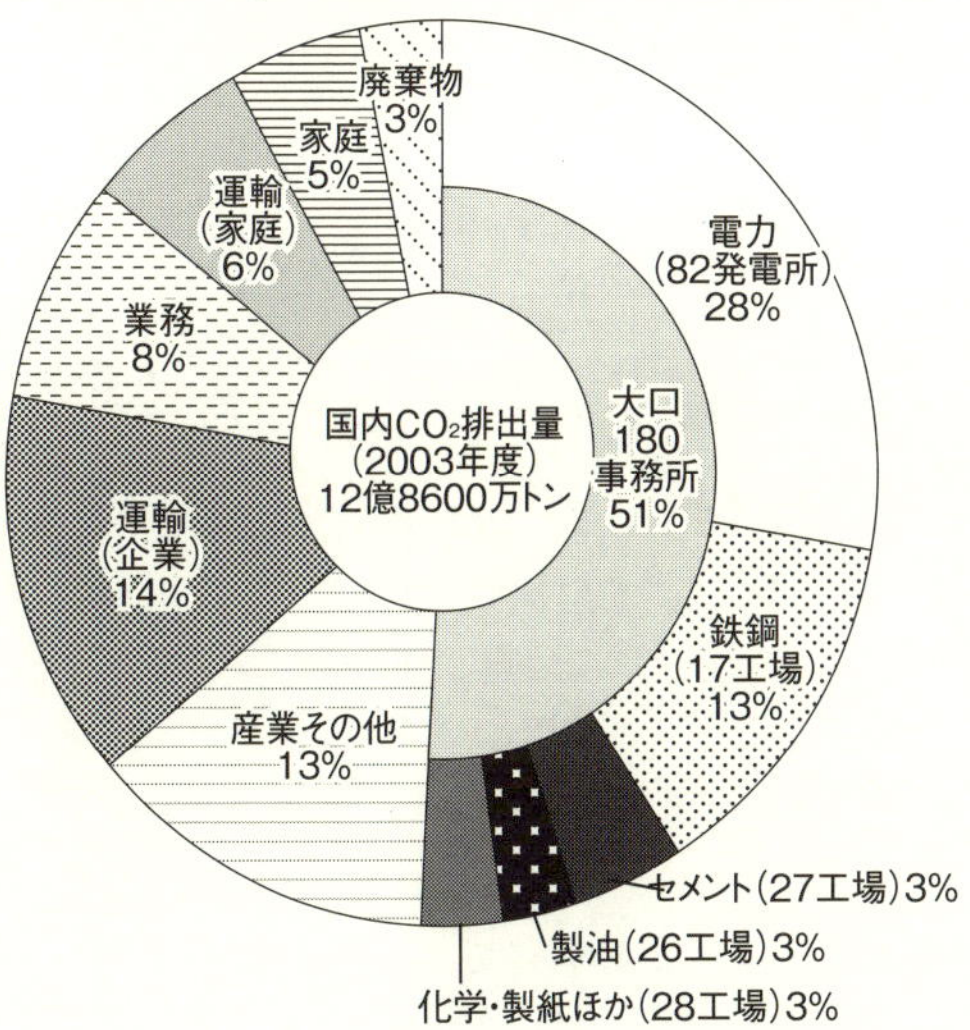

出所:気候ネットワーク作成

グーグルで「原子力・温暖化」と検索すると一九万九〇〇〇件だったのに、「石炭・温暖化」では六万二五〇〇件と三分の一しかありません。これぞ宣伝の成果なのでしょう。

グーグル
グーグル社によって運営されているインターネット上の検索システム。

Q22 環境保護団体はどう見ていますか?

温暖化防止を真剣に考えている団体がいくつもあります。そうした団体は、原発推進論に関して、どのような態度をとっているのでしょうか?

原発拡大には反対

有力な環境団体は、いずれも温暖化防止のために原子力発電を拡大するのには反対の立場を表明しています。グリーンピース・ジャパンは二〇〇七年一〇月二九日、「原子力に頼らない地球温暖化対策を!」とする要望書を多くの団体に呼びかけて政府に提出しました。その要望書をもとに二〇〇八年六月、『原子力は地球温暖化の抑止にならない』と題した小冊子を発行しています。それには、グリーン・アクション、気候ネットワーク、環境エネルギー政策研究所なども協力していました。

グリーンピースの創設者と自称するパトリック・ムーア元グリーンピース・カナダ事務局長や「ガイア理論」で知られたジェームズ・ラブロック

グリーンピース
グリーン(持続可能)でピース(平和)な社会の実現をめざして活動する国際環境NGO。一九七一年設立。

ガイヤ理論
地球は、岩石、大気、海洋、動植物などあらゆる組成物が相互に関係し合い環境をつくりあげている「ひとつの生命体」だとする理論。ガイア仮説とも言う。ラブロックは、「自己統制システム」と命名したが、

氏が環境保護論者を名乗って原子力推進の発言をしていますが、原子力業界の外では注目されておらず、影響力はないようです。

ＷＷＦ（世界自然保護基金）は二〇〇〇年四月、世界エネルギー情報サービス・パリのマイケル・シュナイダー所長（当時）に委託した研究結果を『気候変動と原子力発電』として発表し、次のように結論づけました。

①原子力発電も間接的に温室効果ガスの排出をもたらす。電力と熱供給を合わせて考えると、その排出量は天然ガスコージェネレーションとそう変わらない。バイオガスコージェネレーションに比べると七倍ほど多い。

②原子力への依存度が高い国ほど、需要側の効率性改善努力をしない。

③原子力への依存度が高い国ほど、コージェネレーションの導入率は低い。

④省エネルギーに投資するほうが、CO_2の排出抑制の面で、原発に投資するよりもコスト効果的である。

⑤長期的に見て、多くのＯＥＣＤ諸国では電力節減の技術的な潜在力があり、こうした潜在力を切り開くには、原子力からの撤退が必要であ

後に作家ウイリアム・ゴールディングの提案により、ギリシャ神話の大地の女神「ガイア」にちなむ名に変更された。

ＷＷＦ（世界自然保護基金）
世界最大の国際環境ＮＧＯ。一九六一年に野生動物保護を目的として設立されたのち、次第に活動内容を拡大してきた。

世界エネルギー情報サービス・パリ
ＷＩＳＥ・パリ。エネルギー・原子力問題に関するフランスの民間研究機関。

る。

⑥脱原発政策をとっても、温室効果ガス排出量は増えない。ドイツとフランスのように、原発による発電容量を膨大に抱える国の状況を見ると、両国とも設備過剰になっている。再生可能エネルギーの設備容量増大を見込むと、短期的に見ても、脱原発による温室効果ガス排出増大は見込めない。

原発推進の団体はゼロ

原子力ビジョン懇談会では第五回会合で、気候ネットワークの浅岡美恵代表、環境文明21の藤村コノヱ共同代表を招いて話を聞いていますが、そこで浅岡代表は、「足りないエネルギーを原子力で賄《まかな》えば何とかなるのではないかという期待が社会的にもあろうと思いますが、そうしたことに頼っていくということでは、原子力の持つさまざまな問題から、二〇五〇年、二一〇〇年という将来世代のことを考えると、賛成できません」と言い、藤村共同代表は、「現在ある施設を徹底した安全管理の下で使用しつつ、再生可能エネルギーを本気で増やして、かつ下記のような課題に応え

気候ネットワーク
COP3を成功させるために活動した気候フォーラムを引き継ぐ形で一九八八年に設立された環境NGO。翌年、NPO認証。

環境文明21
一九九三年に加藤三郎元環境庁地球環境部長が設立した「21世紀の環境と文明を考える会」が九九年、NPO化に伴い改称した環境NGO。加藤、藤村両氏が共同代表。

られない限り、将来的には原発は廃止の方向が望ましいのではないかというふうに考えております」として、核廃棄物の処理の問題、長期的な管理体制、核の国際的な問題、安全性、企業に対する不信感を課題に挙げました。

懇談会メンバーは原子力推進の立場の人ばかりですから、いわば環境保護団体の意見も聞きましたとするアリバイづくりなのでしょうが、原子力推進を言ってくれる有力な環境保護団体はなく、原子力への賛否両論を聞くという形はとれませんでした。

二〇〇八年一月一一日、サッカー日本代表の岡田武史監督や女優の竹下景子さんらが政策提言グループ「地球環境イニシアティブ（ＧＥＩＮ）」を設立し、都内で記者会見をしたと報じられました。会の代表はＮＰＯ「富士山を世界遺産にする国民会議」の小田全宏運営委員長です。一月一二日付『毎日新聞』によれば、記者会見で岡田監督は、次のように設立の目的を説明したそうです。

「僕らは子ども達に何を残していけるのか。今（電気を）使うため、一万年もなくならない放射性廃棄物を残すのは違うんじゃないか」。

Q23 私たちは何をすればよいのですか？

原発で温暖化を防止できないなら、どうするのが解決策になりますか？　地球にやさしく、皆がなっとくできる方法があれば教えてください。

望ましい社会に向けて

前述（→Q22）の原子力ビジョン懇談会会合で、気候ネットワークの浅岡美恵代表は、「低炭素社会に向けては大量生産・大量消費という構造から脱却するということ抜きには、本当の解決はないと私どもは思っております」と明確に結論づけました。

原子力発電にはさまざまな問題があります。①放射能災害・放射線災害の危険性、②核兵器への転用の危険性、③放射性廃棄物のあと始末のやっかいさという三点だけを考えても、早急に廃止されるべきです。

——と言うと、決まって反論が返ってきます。原発をやめて、エネルギーの供給はどうするのか？　日本経済への影響をどう避けられるのか？

大量生産・大量消費という構造

大量消費を支えるために大量生産があり、結果として大量廃棄があるのではなく、大量に生産するために大量の消費をさせるのであり、そのためには大量廃棄（あるいは大量リサイクル）が前提となる。

原発のある地域や原子力産業の労働者の暮らしをどう保証するのか？
日本だけがやめればよいのか？

　原発を廃止しようとすれば、それらのことを総合的に考えていく必要があります。否、原発を廃止するかどうかにかかわらず、考えておくべき問題だと言うほうが適切なのかもしれません。それは、言い換えれば、私たちがどんな社会をめざすのかということなのですから。

　もちろん、各人によって、望ましい社会の中身はちがっています。そのうえで、できる限り多くの人にとってめざされるべき社会を考えようとするなら、国と国との間でも、国の中でも、また、現世代と後の世代の間でも、格差・差別の小さな社会が望ましいでしょう。

　現実はどうでしょうか。人類がエネルギーをつかってきた歴史を、グラフに描いてみます。描き方は簡単で、横にまっすぐ線を引いていきて、最後に直角に上げる。そこが現在であり、最後に上がったぶんは、いわゆる「先進国」がつかっています。環境への負荷の大きさを、仮にCO_2の増えかたとして描いても、そっくり同じグラフになります。

　このグラフを先に進め、さらに上のほうにまで線を伸ばしたとて、格

世界の1人あたりエネルギー消費量（2005年）

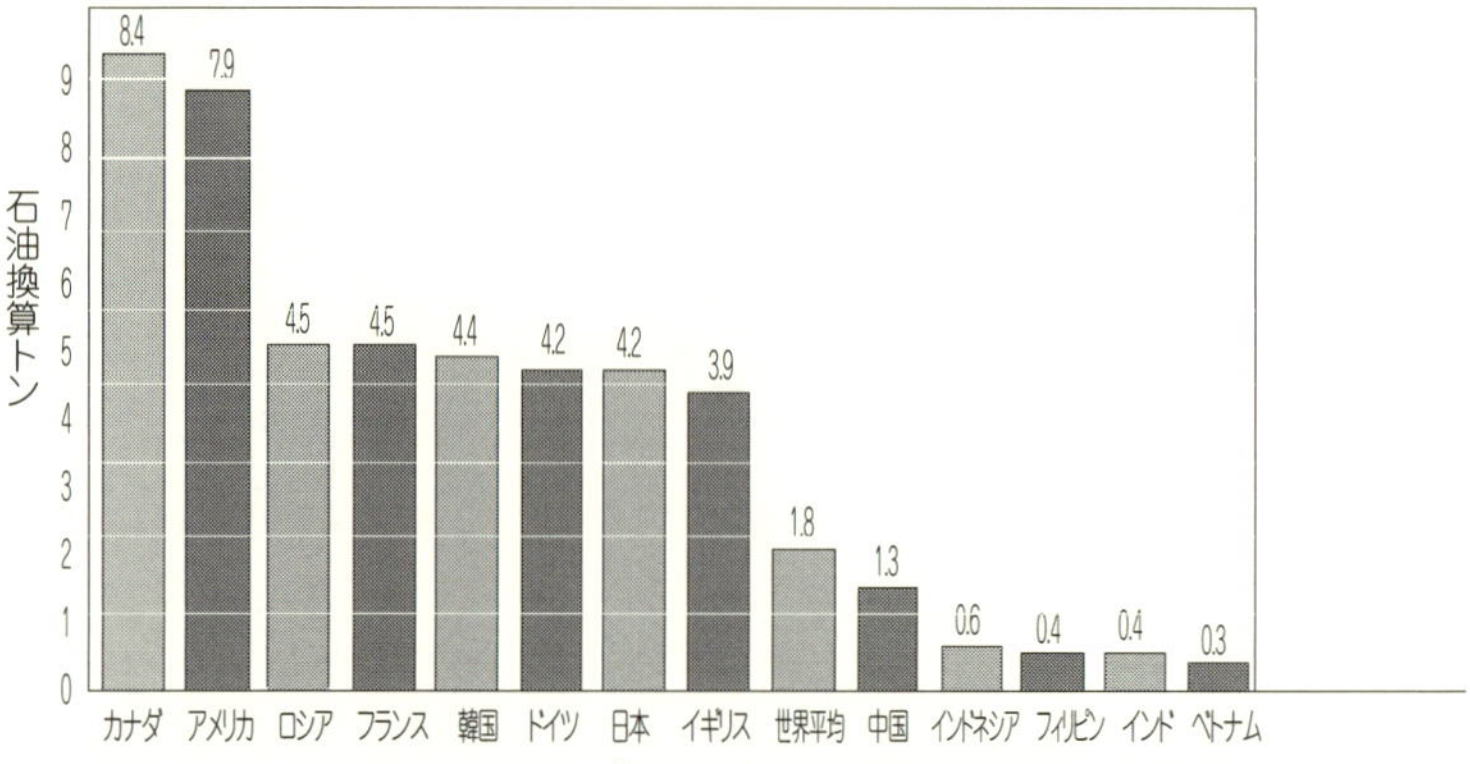

『エネルギー経済統計要覧08年』より作成

差・差別は小さくならず、拡大するばかりでしょう。そして遠くない将来において、すべてが成り立たなくなるのは目に見えています。破局を回避して社会を持続させようとすれば、エネルギーのつかいすぎを是正し、環境への負荷を下げ、経済成長の追求から真の豊かさの享受へと舵《かじ》をとる必要があります。

原発は段階的に廃止へ

原発は、段階的に廃止していくことが望ましい姿でしょう。電力供給の約三分の一を原発がまかなっているといっても、それは原発に出力調整の能力がなく、原発を優先的に動かすからです。エネルギー需給の面からだけ考えるなら、原発をなくすのはさほどむずかしいことではありません。

とはいえ前述のように、経済面などの影響も考慮されなくてはなりません。段階的に廃止というゆえんです。その間、放射能災害や核拡散が現実のものとならないよう対策を強化し、放射性廃棄物のあと始末の研究をすすめる必要があります。放射性廃棄物を安易に埋め捨てにするような考えでは、後の世代に甚大《じんだい》な被害を与えかねません。

そして、原発を止めて一時的に化石燃料の消費が増えることが少しは許されるとしたら、それは、より好ましい未来に向けた移行期間として、脱原発・脱化石燃料をすすめていく準備をする場合だけです。この考えは、現代技術史研究会の田中直さんの論文「適正技術・代替社会」(『岩波講座現代社会学　第二五巻　環境と生態系の社会学』所収)に多くを拠《よ》っています。田中さんは言います。

「再生不能なものを使ってしまうということは、多少にかかわらず、いま存在する者のエゴイズムをともなうことはさけられない。もしそのエゴイズムが少しでも免罪《めんざい》されるとすれば、それは、その再生不可能な資源を使っている間に、そのような資源がなくとも快適な生活ができるような、再生可能なシステムを準備できた時だけである」。

何より大前提は、エネルギー消費を減らすことです。化石燃料をつかうにせよ、自然エネルギーを利用するにせよ、エネルギー利用技術に求められる最大の要請は、消費を減らす方向性をもつことだと強調したいと思います。具体的には「効率化」と「分散化」です。分散化は、需要のあるその場でエネルギーをつくり出し、送電などのエネルギー輸送を減らすとと

現代技術史研究会　一九五〇年代前半に民主主義科学者協会の技術史ゼミナールを母体として発足した研究会。

もに、小回りがきくことから需要の不均衡を小さくできます。大型発電所などでは利用できなかった「未利用エネルギー」も活かせます。廃熱を有効利用するコージェネレーション（二二一ページ図参照）などの技術も向上してきました。

エネルギーを生産するところで消費を減らす方向性を持たせると同時に、消費者サイドでの低エネルギー消費化が重要であることはいうまでもありません。低エネルギー消費化を進めるには、技術的対応や経済的なしくみも必要です。政府や自治体、企業の努力が不可欠です。

そうした技術的対応や経済的なしくみと、消費者の意識変革、そして用途に見合ったエネルギー源の選択が最適に行なわれれば、また、都市のあり方や経済のあり方の見直しが進められれば、エネルギー消費を下げることは決して夢物語ではないのです。

なお詳細は、拙著『なぜ脱原発なのか？』、『エネルギーと環境の話をしよう』をお読みいただければ幸いです。

プロブレムQ&A

VI 資料

地球温暖化対策としての原子力エネルギーの利用拡大のための取組み

平成二〇年三月一三日
原子力委員会決定

原子力委員会は、別添の地球環境保全・エネルギー安定供給のための原子力のビジョンを考える懇談会からの報告　別紙「地球温暖化対策としての原子力エネルギーの利用拡大のための取組みについて」の内容は妥当であると判断するので、関係府省においては、この報告に沿って取組みを行うべきである。

原子力委員会委員長殿

平成二〇年三月一三日
地球環境保全・エネルギー安定供給のための
原子力のビジョンを考える懇談会
座長　山本良一

地球環境保全・エネルギー安定供給のための原子力のビジョンを考える懇談会報告

本懇談会では、地球温暖化対策とエネルギー安定供給のために原子力が果たす役割についての議論が国内外で急速に進んでいることを踏まえ、原子力、エネルギー、環境、経済等の分野の有識者を委員として、G8ハイリゲンダムサミットにおいて我が国及びEU、カナダが示した二〇五〇年までに温室効果ガスの排出を少なくとも半減するという目標に向けて、我が国として今ここで何をなすべきかについて、平成一九年九月より六回の会合を開催して検討し、報告（案）をとりまとめた。その後、同報告（案）について広く国民からの意見を公募し、のべ四五人の方から七七件の意見を得て審議の参考とした。

これらの審議結果を踏まえて、地球温暖化及びエネルギー安定供給の対策としての原子力エネルギーの利用のために我が国として今取り組むべき事項等について、別紙のとおり懇談会としての意見をとりまとめたので、ここに報告する。

別紙　地球温暖化対策としての原子力エネルギーの利用拡大のための取組について

添付資料一「地球環境保全・エネルギー安定供給のための原子力のビジョンを考える懇談会」の設置について（平成一九年六月一九日、原子力委員会決定）

添付資料二「地球環境保全・エネルギー安定供給のための原子力のビジョンを考える懇談会」の構成員について（平成一九年九月一一日、原子力委員会決定）

添付資料三「地球環境保全・エネルギー安定供給のための原子力のビジョンを考える懇談会」開催実績

以上

（別紙）

地球温暖化対策としての原子力エネルギーの利用拡大のための取組について

一　地球温暖化対策としての原子力エネルギー利用の役割

気候変動に関する政府間パネル（ＩＰＣＣ）は、昨年発行した第四次評価報告書において、気候システムの温暖化には疑う余地がなく、二〇世紀半ば以降の全球平均気温の上昇は、人為起源の温室効果ガス濃度の増加によって生じた可能性が非常に高いと結論づけた。また、平均気温の上昇に伴い、水資源、生態系、食料、沿岸、人の健康に様々な影響が現れることを予測して、これらの影響を削減し、遅らせ、回避するための緩和努力によって達成を目指すべき温室効果ガスの大気中濃度について複数の安定化レベルを示した。このうち最も低いレベル（二酸化炭素換算濃度四四五―四九〇ｐｐｍ）に大気中濃度を安定化させ、全球平均の気温上昇を産業革命以前比で二―二・四℃に抑えるには、年々増大しつつある世界の温室効果ガス排出量を一〇一五年以内に減少に転じさせ、二〇五〇年頃には二〇〇〇年の排出量の半分以下にすることが必要であるとしている。

　Ｇ８ハイリゲンダムサミット首脳宣言「世界経済における成長と責任」（二〇〇七年六月）は、気候変動に関して、温室効果ガス排出削減に関する地球規模での目標を定めるにあたり、二〇五〇年までに地球規模での排出を少なくとも半減させることを含む、ＥＵ、カナダ及び日本による決定を真剣に検討するとした上で、この目標の達成にコミットし、主要新興経済国に対して、この試みに参加するよう求めるとしている。

　本年一月、福田総理は世界経済フォーラム年次総会（ダボス会議）における特別講演の中で、我が国を議長国として本年七月に開催される北海道洞爺湖サミットの最大のテーマは気候変動問題であるとし、昨年我が国が提案した戦略「クールアース五〇」を推進するための「クールアース推進構想」を提示して、主要排出国とともに今後の温室効果ガスの排出削減について国別総量目標を掲げて取り組むことを述べ、二〇二〇年までの三〇％のエネルギー利用効率の改善を世界が共有する目標とすることを提案した。また、一〇〇億ドル規模の新たな資金メカニズム（クールアース・パートナーシップ）を構築し、省エネルギー努力等の途上国の排出削減への取組に積極的に協力するとともに、気候変動で深刻な被害を受ける途上国に対して支援を行うと述べた。さらに、二〇五〇年までに温室効果ガス排出量を半減するためには、革新的技術の開発によるブレークスルーが不可欠であるとし、我が国としては、環境・エネルギー分野の研究開発投資を重視することを述べた。

　今後、各国が経済発展を追求しながら二〇五〇年頃までに世界全体として温室効果ガス排出量を半減させることは人類にとって極めて困難だが、達成せねばならないチャレンジである。これを実現するためには、徹底したエネルギー消費の節約に努めるとともに、エネルギー供給及び利用分野において効率が高く、炭素集約度の低い技術を緊急に開発、展開、促進して、世界のエネルギーシステムを早急かつ大幅に変革せねばならない。この点を示唆するべく国際エネルギー機関（ＩＥＡ）は、上記のＩＰＣＣによる最も低い温室効果ガス安定化レベル達成のために必要となる対策についての試算を行い、大幅なエネルギー消費の節約、エネルギー利用効率の向上と並んで、エネルギー供給部門において従来型化石エネルギーの利用増加の抑制と、再生可能エネルギー、原子力エネルギー、炭素回収・貯留技術（ＣＣＳ）の利用の急速な拡大を仮定した試算例を示している（World Energy Outlook 二〇〇七、四五〇安定化ケース）。

この例では、二〇三〇年における現状（二〇〇五年）比の世界全体の一次エネルギー需要の伸びは約一・二倍にとどまり、CCSを適用しない従来型化石エネルギー利用は現状より若干減っている。一方、世界の電力需要は二〇三〇年に現状の約一・六倍となり、その中で水力発電は約二・三倍、バイオマス発電は約二・三倍、風力発電は約九倍、太陽光発電は約一三五倍と飛躍的に増加しており、地熱等を含む再生可能エネルギーによる発電の合計は現状の約三・五倍に達している。これに輸送用バイオ燃料等を加えた再生可能エネルギー利用全体でみると、二〇三〇年には現状の約二・一倍となり、一次エネルギーの約二一％を占めている。また、これとともに原子力発電も大きく増加し、現状の約二・四倍（一次エネルギーの約一二％）となっている。これらを達成することはいずれも容易ではなく、非常に大きな努力を要するものである。

原子力発電は、一九八六年以来世界の電力の一六％程度を安定して供給してきており、二〇〇六年には三〇カ国で四三五基、約三七〇GW設備が運転されている。原子力発電は発電過程において二酸化炭素を排出せず、ライフサイクルを通じての排出も風力や太陽光等の再生可能エネルギーによる発電と同程度に小さい。このため、この規模の原子力発電の代わりに火力発電を利用したとすれば、最も温室効果ガス排出量が少ないLNG複合サイクル発電を用いた場合でも、世界の二酸化炭素排出量は、年間一一億トン（二〇〇五年の世界総排出量の四％）増大することになる。さらに、現在、多くの国々で今後の原子力エネルギー利用の大幅な拡大や新規導入が計画、構想されており、その合計は約三五〇基（約三三〇GW）に上る。これが実現して、世界の原子力発電設備が合計七〇〇GWの規模になれば、同規模のLNG複合サイクル発電を利用した場合に比較して年間二〇億トンの二酸化炭素排出量低減がもたらされ、より低い安定化濃度の達成に大きな貢献をなすことになる。

世界の発電分野の二酸化炭素排出量は他の分野に比して大きく、しかも高い伸び率で増大してきている。また、エネルギー資源を巡っては、化石燃料価格の高騰が常態化し、国際的な資源獲得競争が激化する等、厳しい状況にある。これらを踏まえれば、一旦建設されると、一年から二年に一度燃料交換し、適切な維持管理を行うことで四〇年から六〇年程度は発電を継続することができる原子力発電所によって安定して経済的な電力を供給し、大規模な温室効果ガス排出削減を実現してきている原子力エネルギーは、エネルギー消費の節約、エネルギー利用効率向上、再生可能エネルギー利用等とともに、低炭素社会の実現を目指すための対策として不可欠である。この原子力エネルギーが世界三〇カ国で利用されており、さらに多くの国々がこの利用を目指していることは、低炭素社会の実現を目指す観点から、注目するべきことである。

このため、我が国は、エネルギー消費の節約、エネルギー利用効率向上や再生可能エネルギー利用等と同様に、核不拡散、原子力安全及び核セキュリティの確保を大前提とした原子力エネルギーの平和利用が地球規模で一層拡大するよう、以下の六項目を重点に、取り組む。

二　地球温暖化対策としての、核不拡散、原子力安全及び核セキュリティの確保を大前提とした原子力エネルギーの平和利用の世界的な拡大に向けた取組

取組一：地球温暖化対策には原子力エネルギーの平和利用の拡大が不可欠との共通認識の形成と、利用拡大に向けた国際的枠組みの構築

世界的に、エネルギーの安定供給を図りつつ、二〇五〇年に向けた温室効果ガス排出量の大幅削減を実現していくためには、エネルギー消費の節約、エネルギー利用効率向上や再生可能エネルギー利用等の他の有力な対策の最大限の実施と並んで、原子力エネルギーの平和利用の拡大が不可欠である。このため、我が国は、国際社会に対し、次の働きかけを積極的に行う。

①核不拡散、原子力安全及び核セキュリティの確保を大前提とした原子力エネルギーの平和利用の拡大は、エネルギー消費の節約、エネルギー利用効率向上や再生可能エネルギー利用の拡大等と並んで、地球温暖化対策として不可欠であるとの共通認識を醸成すること。

②原子力エネルギーをクリーン開発メカニズム（CDM）や共同実施（JI）等の対象に組み込むこと。

③核不拡散、原子力安全及び核セキュリティの確保を大前提として原子力エネルギーの平和利用を推進しようとする国に対する、原子力発電所建設等への投資が促進されるための方策を検討すること。

④京都議定書第一約束期間後となる二〇一三年以降の次期枠組みにおいて、原子力エネルギーの平和利用を有効な地球温暖化対策として位置づけること。

取組二：原子力エネルギーの平和利用の前提となる、核不拡散、原子力安全及び核セキュリティの確保のための国際的取組の充実

原子力エネルギーの平和利用の前提となる、核不拡散、原子力安全及び核セキュリティの確保には、国際原子力機関（IAEA）を中心としたこのための国際的な取組が極めて重要である。今後、世界的に原子力エネルギーの平和利用の拡大を図るためには、この国際的取組を拡充することが不可欠であり、世界各国と共同して、この取組の一層の充実に積極的に寄与する。具体的には、

①核兵器の不拡散に関する条約（NPT）、原子力安全条約等、この国際的取組に関連する諸条約を実施するためIAEAに付託された措置が十分に実施されるよう、IAEAを人材、資金面で強化する取組を推進する。

②高度の技術システムを運営して大規模な原子力利用を進めてきた唯一の非核兵器国として、核不拡散、原子力安全及び核セキュリティの確保に関するIAEAや経済協力開発機構／原子力機関（OECD／NEA）による基準や勧告の策定等の活動の更なる高度化に向け、我が国の経験に基づく協力を一層強化する。

③核拡散を防止するため、全ての国によるIAEAとの間の追加議定書締結を目指すことをはじめとするIAEAの保障措置の強化に引き続き貢献するとともに、核拡散リスク増大の抑制に向けた燃料供給保証の枠組み構築のために行われている多国間の協議及び枠組み作りに積極的に参加し、貢献する。

取組三：各国における原子力エネルギーの平和利用推進のための基盤整備の取組への積極的協力

我が国が有する優れたエネルギー・環境技術を活用した国際貢献を図るため、核不拡散、原子力安全及び核セキュリティの確保を大前提として原子力エネルギー平和利用を推進しようとする国における、人材、法、規制、放射性廃棄物管理等の基盤整備に、IAEA等の国際機関や先進国と共に積極的に協力する。具体的には、

①原子力エネルギーの平和利用にかかわる我が国の高度な基盤を活用して、IAEAの行う支援活動に専門家派遣等の協力を積極的に行い、また、アジア原子力協力フォーラム（FNCA）をはじめとする多国間協力や二国間協力を通じ、近隣のアジア地域を中心に原子力エネルギー利用の新規導入や拡大を行う国々の基盤整備に向けた自立的取組を積極的に支援する。

②我が国が有する設計、建設、運転・保守等の高度な技術

力に基づいた協力、支援により、各国における原子力エネルギーの平和利用拡大への効果的な貢献ができるよう、金融、保険制度の活用等を積極的に行う。

取組四：世界的な原子力エネルギーの平和利用の拡大に資するための原子力エネルギー供給技術の性能向上を目指した我が国における研究開発活動の強化

世界的な原子力エネルギーの平和利用の一層の拡大に資するため、原子力エネルギー供給技術の性能向上を目指した我が国における研究開発活動を強化する。具体的には、

① 世界最高水準の安全性と経済性等を有する次世代軽水炉、多様なニーズに対応した規模、機能と経済的競争力を備えた中小型原子炉、高温ガス炉による水素製造技術等の原子力エネルギー利用の多様化と高度化を図る革新的技術の開発、実証及び実用化

② 長期にわたる原子力エネルギーの利用を可能にする先進的な燃料サイクルの実現に向けた高速炉とその燃料サイクル技術の研究開発

③ 将来の恒久的エネルギー供給技術の実現を目指す核融合の研究開発を強化して推進する。このため、これらの革新的技術開発のロードマップ作りを早急に行う。

さらに、研究開発を効果的・効率的に行うため、第四世代原子力システムに関する国際フォーラム（GIF）、国際原子力エネルギー・パートナーシップ（GNEP）、IAEA等の国際機関における研究開発協力の取組、ITER計画（国際熱核融合実験炉）等の多国間の枠組みや二国間の枠組みを通じた国際協力をより積極的に推進する。

三　国内における原子力エネルギー利用の取組

取組五：国内における原子力政策上の課題への取組の強化

上記の取組一から四を行うには、我が国自らが、地球温暖化対策に先進的に取り組み、低炭素社会への移行を早急に進めねばならない。そのためには、徹底したエネルギー消費の節約、エネルギー利用効率向上、再生可能エネルギー利用等のあらゆる効果的な対策を最大限に実施することが必要である。その中で、温暖化対策として現時点で最も有効な大規模電源である原子力エネルギーの利用を、世界の模範となるようにして進展させる必要がある。このため、原子力政策大綱に沿って、原子力発電所の高経年化対策や新・増設、核燃料サイクルの推

進、高速増殖炉サイクル技術の研究開発をはじめとする原子力研究、開発、利用の取組を着実に進めつつ、特に早急に解決すべき以下の課題に重点的に取り組む。

①原子力施設の耐震安全性の確認を第一に、自然災害に関する新たな知見を安全確保のあり方等に速やかに反映させる等のリスク管理活動を強化する。

②高レベル放射性廃棄物処分は、後世代に先送りすることなく現世代が実施のための道筋を確立するべき国民的課題であるとの認識の下、国、原子力発電環境整備機構（NUMO）及び電気事業者は、地方自治体や国民各層とのコミュニケーションを格段に充実し、処分の安全確保の仕組み、処分場立地の公益性、立地を受け入れた自治体の発展の支援等に関して相互理解を深める活動を強化しつつ、その着実な前進を図る。

③国民の理解を得て、科学的合理的な安全規制システムに基づき、温室効果ガスの排出抑制に対して効果的かつ即効性があり、各国で既に実現されている既存の原子力発電所の定格出力向上や設備利用率向上を実現する。

取組六：原子力エネルギー利用を安全に推進するための取組に関する国民との相互理解活動の強化

原子力エネルギー利用を安全に行うための仕組みが信頼できるものであること、及びこの利用が地球温暖化対策として有効であることに関する国民との相互理解活動を一層強化する。具体的には、次のことに重点的に取り組む。

①地球温暖化問題と、エネルギー消費の節約、エネルギー利用効率向上、再生可能エネルギーの利用と並んで地球温暖化対策として原子力エネルギーの利用が果たす役割についての教育及び国民への情報発信を充実する。

②原子力エネルギー利用の安全確保のための取組について透明性と公開性を確保し、広く国民各層が参加してその取組の健全性を議論する場及び議論の結果を取組に適切に反映する仕組みを絶えず見直して、改良改善を図る。

③エネルギー問題に関する国民、地方自治体、事業者、国等の関係者間の対話の機会を質・量ともに一層充実して各種エネルギーの特性等の広範な情報の共有を図ること、地球温暖化問題と原子力を新たな対話のテーマとして加えること等によって、原子力に関する科学コミュニケーションやリスクコミュニケーションを一層強化する。

以上

添付資料一

「地球環境保全・エネルギー安定供給のための原子力のビジョンを考える懇談会」の設置について

平成一九年六月一九日
原子力委員会決定

一 趣旨

原子力委員会は、平成一七年に原子力政策大綱を策定し、「原子力発電は長期にわたってエネルギー安定供給と地球温暖化対策に貢献する有力な手段として期待できる」と位置づけて、その実現に向けた短、中、長期の観点からの取組の基本的考え方を示しました。

エネルギー安定供給と地球温暖化対策に貢献する原子力の取組については、昨今の地球環境問題への意識の高まりを受けて、国内外で急速に議論が進んでいます。具体的には、気候変動問題の克服に向けて、我が国が国際的リーダーシップを発揮する取組の一つに原子力を位置づけ、また、環境・エネルギー技術を中核とした経済成長を図るために、原子力発電所の新・増設の投資環境整備、科学的合理的規制による既設発電所の適切な活用、先進技術開発、人材育成等の実施が上げられています。(「二一世紀環境立国戦略」及び「イノベーション二五」(いずれも本年六月一日閣議決定))

また、ハイリゲンダムG8サミットの首脳宣言「世界経済における成長と責任」(本年六月七日)では、気候変動について述べる中で、二〇五〇年までに地球規模での温室効果ガスの排出を少なくとも半減させることを含む、EU、カナダ及び日本による決定を真剣に検討するとしています。一方、エネルギー多様化の重要性を述べる中で、原子力についてはその平和的利用の一層の発展に沿った国家的及び国際的なイニシアティブに留意するとしています。

このような状況を踏まえ、原子力委員会は、我が国として は原子力政策大綱の基本的考え方に則って原子力開発利用を着実に進めつつ、その国際的な拡大への対応等、二〇五〇年までに温室効果ガスの排出を半減するという目標に向けて今ここで何をなすべきかを検討する必要があると考えます。そこで、この検討を行うために「地球環境保全・エネルギー安定供給のための原子力のビジョンを考える懇談会」を設置することとします。

二　**構　成**

別途

三・検討内容

(1)エネルギー安定供給を図りつつ、二〇五〇年までに温室効果ガスの排出を半減するための原子力利用のあり方

(2)原子力の平和的な利用拡大のための国際的な取組と我が国の対応

(3)国際的な温室効果ガスの排出削減に貢献できる原子力技術の開発と実用化に向けた方策等

四・その他

本懇談会の運営については、原子力委員会専門部会等運営規程に基づく。

以上

添付資料二

「地球環境保全・エネルギー安定供給のための原子力のビジョンを考える懇談会」の構成員について

平成一九年九月一一日

原子力委員会決定

「地球環境保全・エネルギー安定供給のための原子力のビジョンを考える懇談会」の設置について（平成一九年六月一九日原子力委員会決定）に基づき、「地球環境保全・エネルギー安定供給のための原子力のビジョンを考える懇談会」を構成する専門委員を別紙の通り指名する。

別紙

「地球環境保全・エネルギー安定供給のための原子力のビジョンを考える懇談会」専門委員

浅田 正彦 京都大学大学院 法学研究科 教授
浦谷 良美 社団法人 日本電機工業会 原子力政策委員長・三菱重工業株式会社 代表取締役・常務執行役員 原子力事業本部長
岡﨑 俊雄 独立行政法人 日本原子力研究開発機構 理事長
片山 恒雄 東京電機大学 教授
木場 弘子 キャスター・千葉大学特命教授
黒川 清 内閣特別顧問
﨑田 裕子 ジャーナリスト・環境カウンセラー
柴田 昌治 社団法人日本経済団体連合会 資源・エネルギー対策委員長
田中 知 東京大学大学院工学系研究科 教授
十市 勉 財団法人 日本エネルギー経済研究所 専務理事 首席研究員
堀井 秀之 東京大学大学院工学系研究科 教授
森 詳介 電気事業連合会 副会長
山本 良一 東京大学 生産技術研究所 教授
和気 洋子 慶應義塾大学商学部 教授

添付資料三

「地球環境保全・エネルギー安定供給のための原子力のビジョンを考える懇談会」

開催実績

第一回 平成一九年九月二〇日（木）一三：三〇〜一五：三〇（虎の門三井ビル）

第二回 平成一九年一〇月一二日（金）一〇：〇〇〜一二：〇〇（三田共用会議所）

第三回 平成一九年一〇月二五日（金）一三：三〇〜一六：〇〇（虎の門三井ビル）

第四回 平成一九年一一月一六日（金）一〇：〇〇〜一二：二〇（東海大学校友会館）

第五回 平成一九年一二月二〇日（木）一三：三〇〜一六：〇〇（三田共用会議所）

第六回 平成二〇年一月二九日（火）一三：三〇〜一五：三〇（霞が関東京會舘）

第七回 平成二〇年三月一一日（火）一三：三〇〜一五：〇〇（永田町合同庁舎）

世界のCO_2排出量削減の試算

(World Energy Outlook 2007より作成)

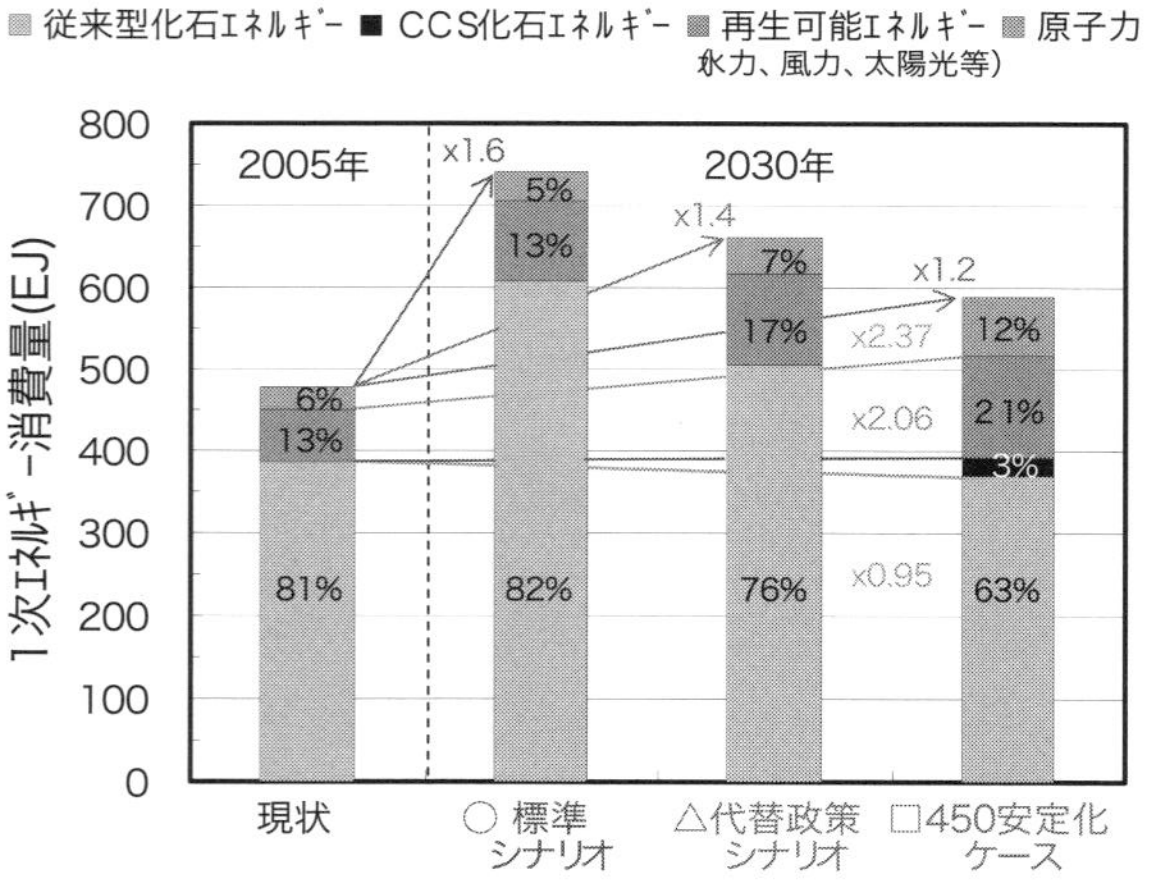

世界の一次エネルギー消費

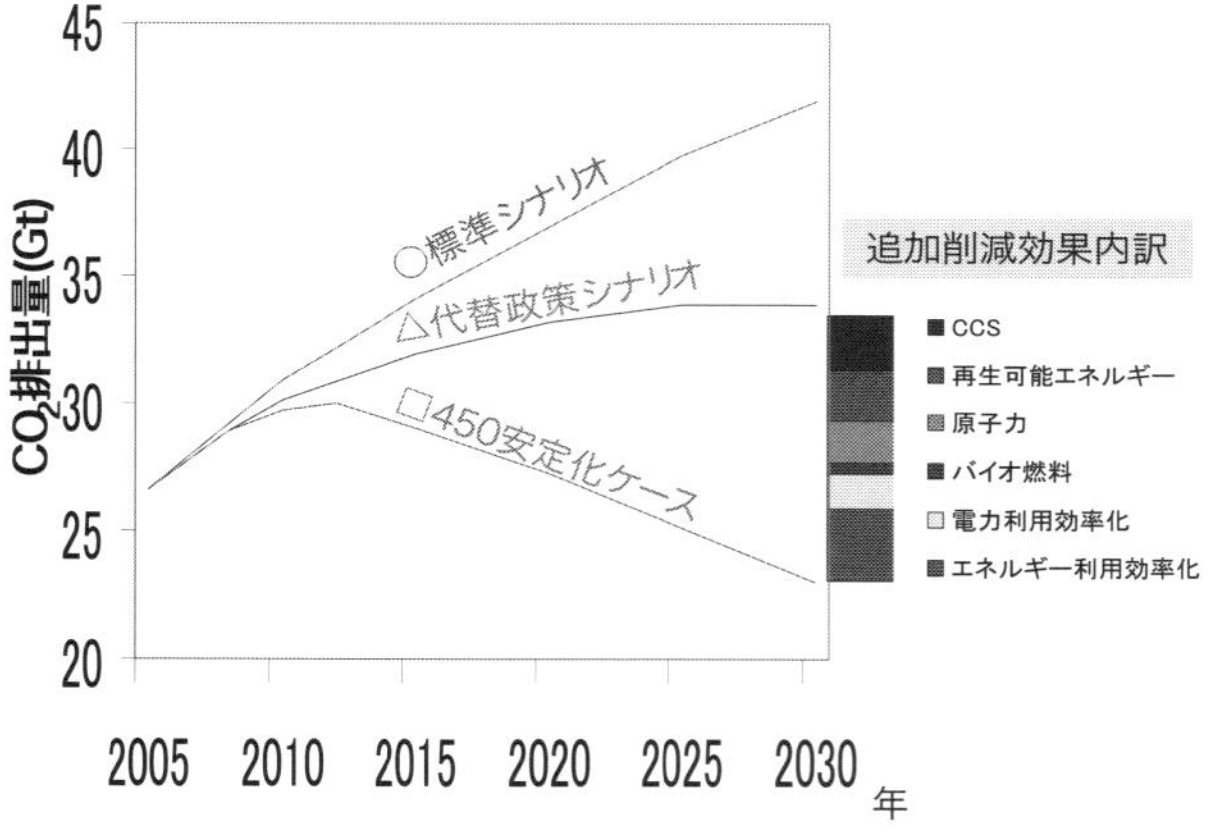

世界のCO_2排出量

○標準シナリオ：　各国の現行政策、対策の継続を想定したもの

△代替政策シナリオ：各国で検討中の追加対策の実施を想定したもの
省ｴﾈﾙｷﾞｰ・ｴﾈﾙｷﾞｰ利用効率化、再生可能ｴﾈﾙｷﾞｰ利用促進、原子力利用促進等)

□450安定化ケース：2050年までの排出量半減を条件に、より大幅な省エネ・効率化と化石燃料利用低減を仮定した試算
(IPCC第4次評価報告書のカテゴリＩシナリオ、温室効果ガス濃度安定化ﾚﾍﾞﾙ445-490ppm・気温上昇2.0-2.4℃に相当)

地球温暖化対策としての原子力エネルギーの利用拡大のための取組について」 参考データ

各電源のCO_2排出特性

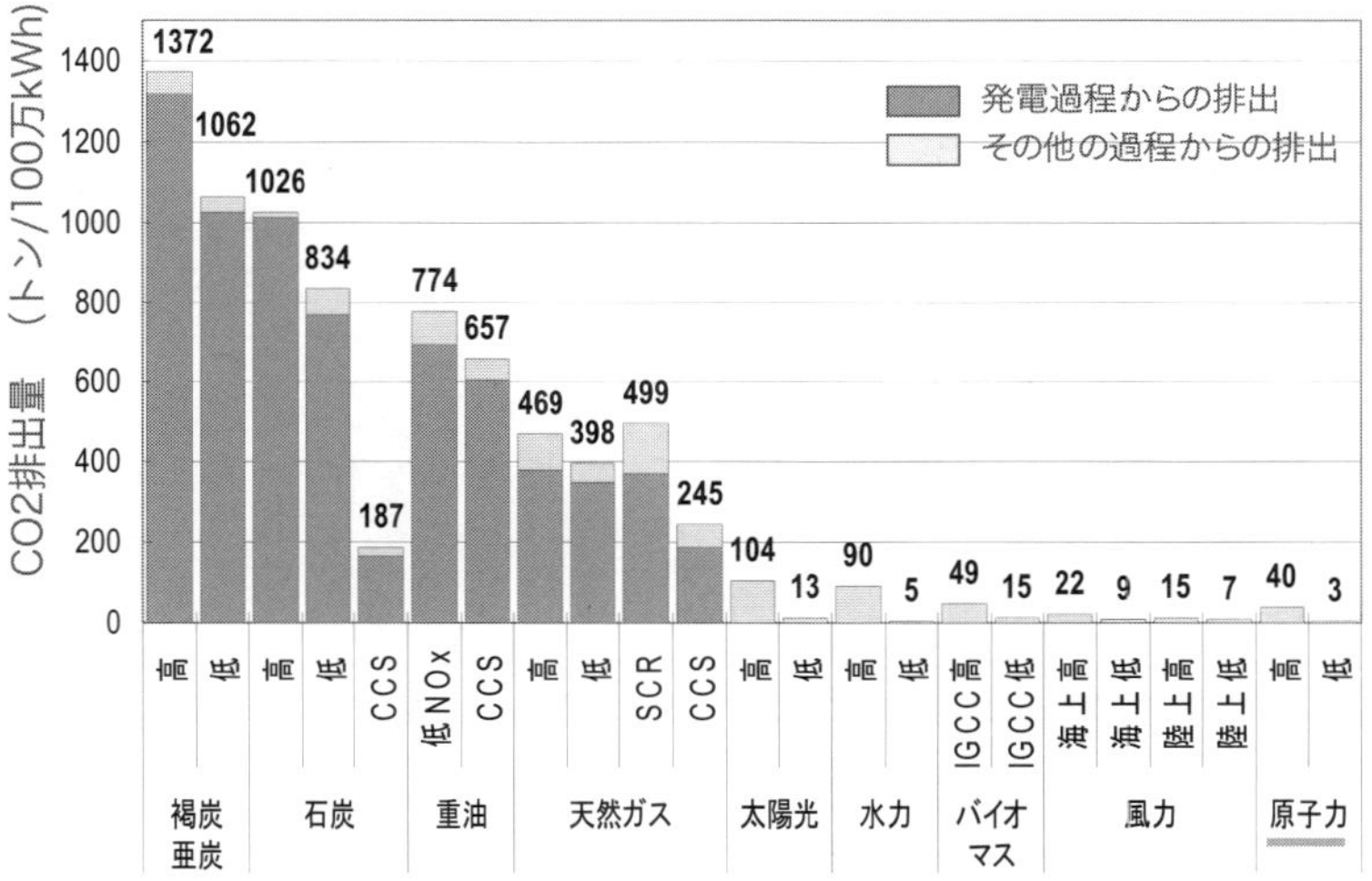

各種発電プラントの、ライフサイクル評価に基づくCO_2排出原単位算出結果

（高、低：同カテゴリ中のプラントで、最大または最小の値）
（CCS：炭素回収・貯留技術適用プラント）

出典）Comparison of Energy Systems Using Life Cycle Assessment, WEC, 2004より作成

地球温暖化対策としての原子力エネルギーの利用拡大のための取組について」 参考データ

原子力発電のCO_2排出低減への寄与

○100万kWの発電所を1年間運転した場合(稼働率80%)、

CO_2発生量		日本の総発生量(1,275百万t、2006年)に対する割合
原子力	15.1万トン	0.01%
LNG複合	303.8万トン	0.24%
石炭	651.7万トン	0.51%

「各電源のCO_2排出特性」図の中間値を用い試算

○2006年の、世界の原子力発電量2658TWh(435基・約370GW、総発電量の約16%)

出典:世界原子力協会(WNA)

これを化石電源に置換えた場合のCO_2排出量増加は、
LNG複合サイクル火力発電比で11億トン (2005年世界総排出量の約4%)
石炭火力発電比で24億トン (同、約9%)

「各電源のCO_2排出特性」図の中間値を用い試算

⇒ 今後世界の発電量が増加する中で、原子力発電比率の確保による、排出抑制が必要

○現在、世界各国が今後10－20年で建設を計画・構想中の原子力発電は合計約330GW

これが実現され、合計700GWとなれば、化石電源を使う場合に比較した排出量抑制効果は、
LNG複合サイクル火力発電比で20億トン
石炭火力発電比で45億トン

「各電源のCO_2排出特性」図の中間値を用い、稼働率80%と仮定して試算

地球温暖化対策としての原子力エネルギーの利用拡大のための取組について」 参考データ

世界の電力供給の試算例

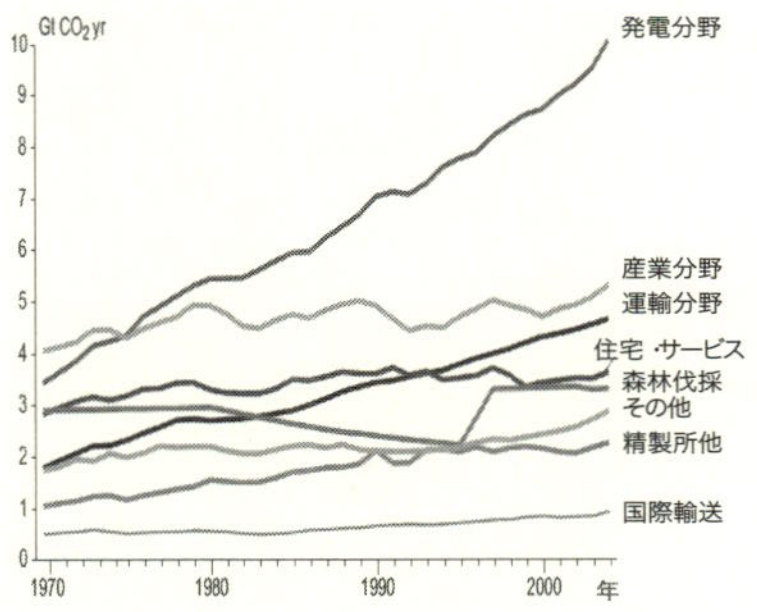

世界の分野別二酸化炭素排出量の推移

出典：IPCC第4次評価報告第3WG報告書

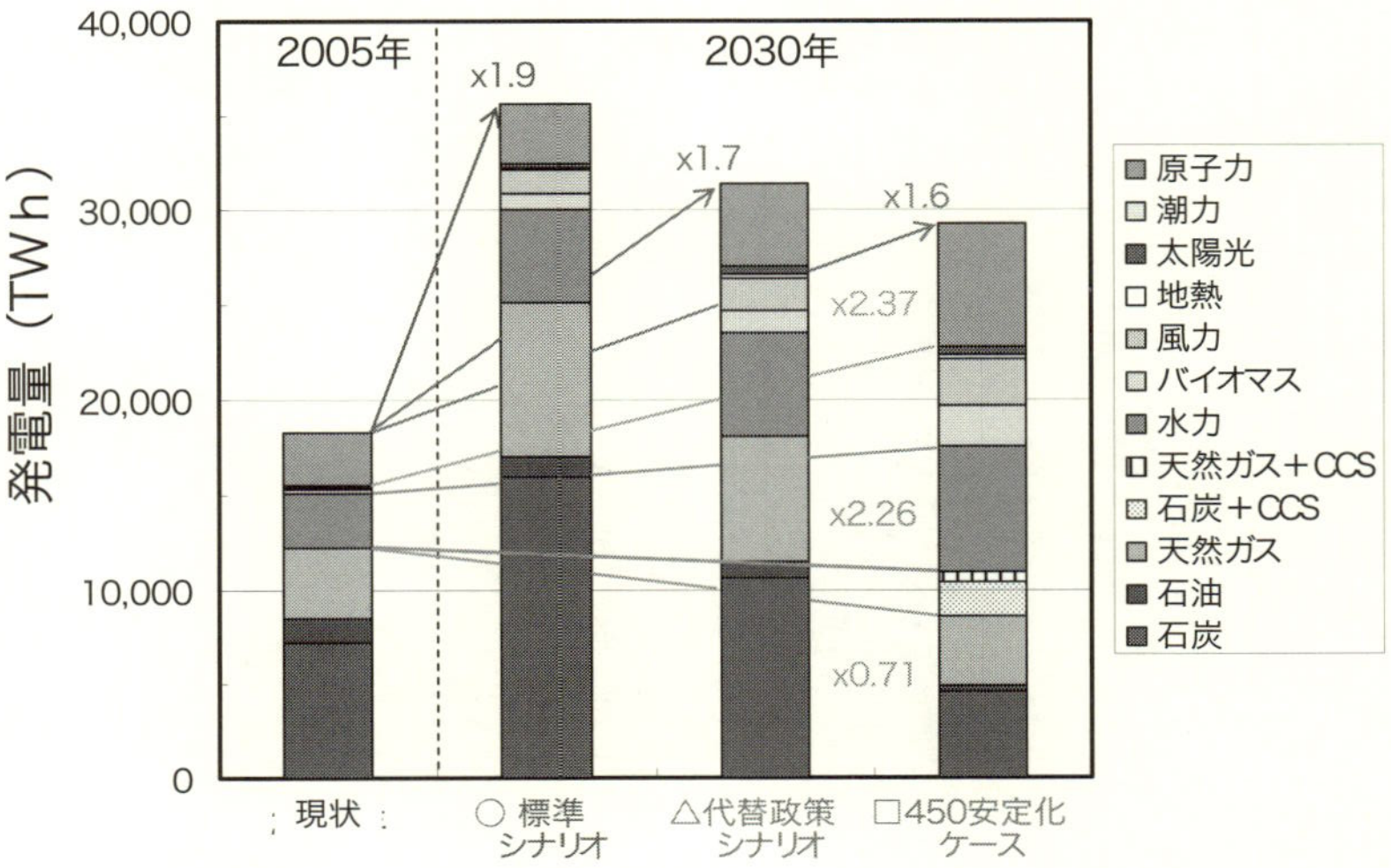

世界の電力供給

（World Energy Outlook 2007より作成）

地球温暖化対策としての原子力エネルギーの利用拡大のための取組について」 参考データ

原子力発電の新規導入を企図する国及び地域

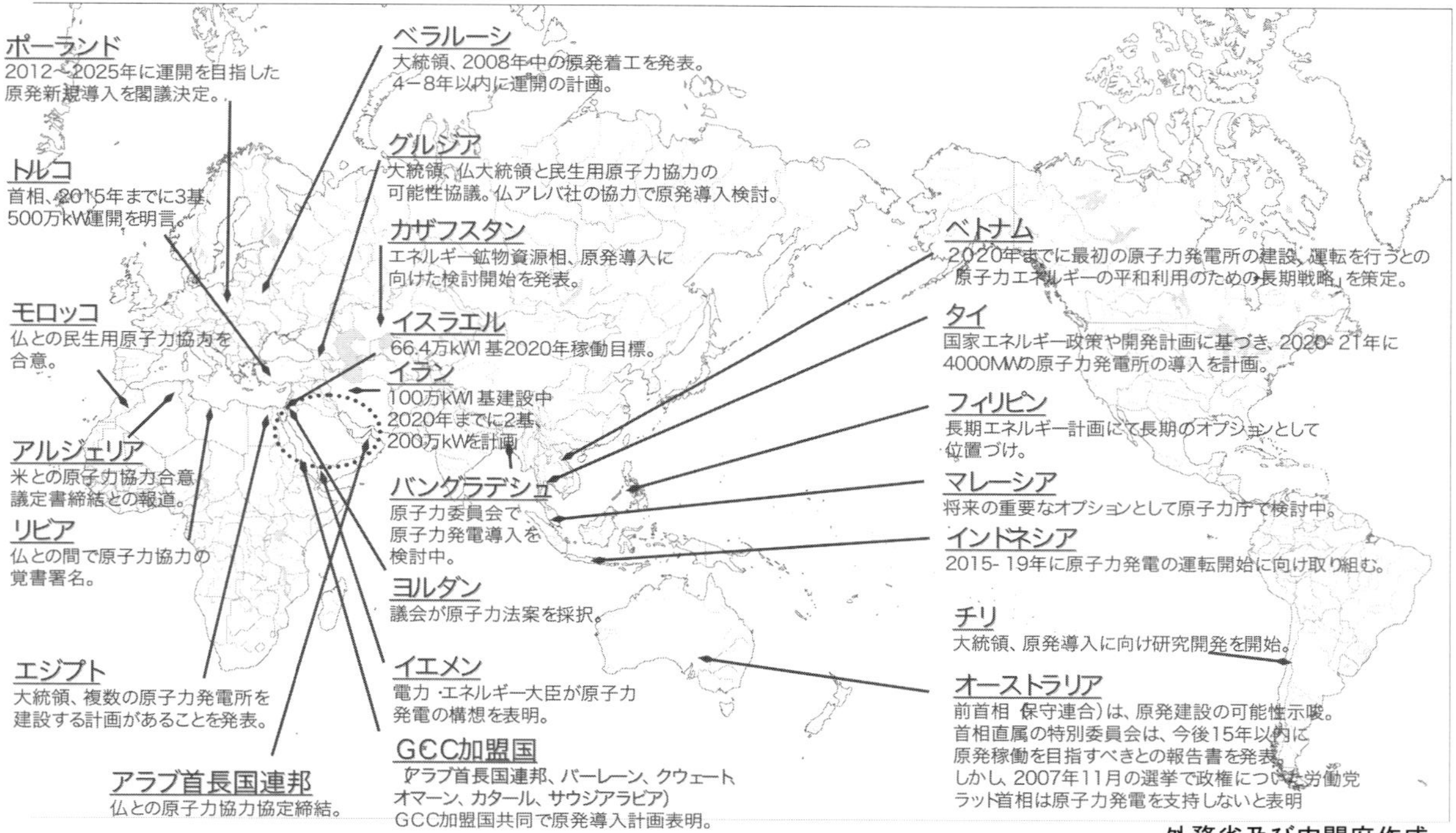
ポーランド
2012～2025年に運開を目指した原発新規導入を閣議決定。
トルコ
首相、2015年までに3基、500万kW運開を明言。
モロッコ
仏との民生用原子力協力を合意。
アルジェリア
米との原子力協力合意議定書締結との報道。
リビア
仏との間で原子力協力の覚書署名。
エジプト
大統領、複数の原子力発電所を建設する計画があることを発表。
アラブ首長国連邦
仏との原子力協力協定締結。
ベラルーシ
大統領、2008年中の原発着工を発表。4－8年以内に運開の計画。
グルジア
大統領、仏大統領と民生用原子力協力の可能性協議。仏アレバ社の協力で原発導入検討。
カザフスタン
エネルギー鉱物資源相、原発導入に向けた検討開始を発表。
イスラエル
66.4万kW1基2020年稼働目標。
イラン
100万kW1基建設中
2020年までに2基、200万kWを計画
バングラデシュ
原子力委員会で原子力発電導入を検討中。
ヨルダン
議会が原子力法案を採択。
イエメン
電力・エネルギー大臣が原子力発電の構想を表明。
GCC加盟国
(アラブ首長国連邦、バーレーン、クウェート、オマーン、カタール、サウジアラビア)
GCC加盟国共同で原発導入計画表明。
ベトナム
2020年までに最初の原子力発電所の建設、運転を行うとの「原子力エネルギーの平和利用のための長期戦略」を策定。
タイ
国家エネルギー政策や開発計画に基づき、2020-21年に4000MWの原子力発電所の導入を計画。
フィリピン
長期エネルギー計画にて長期のオプションとして位置づけ。
マレーシア
将来の重要なオプションとして原子力庁で検討中。
インドネシア
2015-19年に原子力発電の運転開始に向け取り組む。
チリ
大統領、原発導入に向け研究開発を開始。
オーストラリア
前首相(保守連合)は、原発建設の可能性示唆。
首相直属の特別委員会は、今後15年以内に原発稼働を目指すべきとの報告書を発表。
しかし、2007年11月の選挙で政権についた労働党ラッド首相は原子力発電を支持しないと表明

外務省及び内閣府作成

地球温暖化対策としての原子力エネルギーの利用拡大のための取組について」 参考データ

世界の原子力発電設備

世界原子力協会（WNA）2007年12月現在データより作成

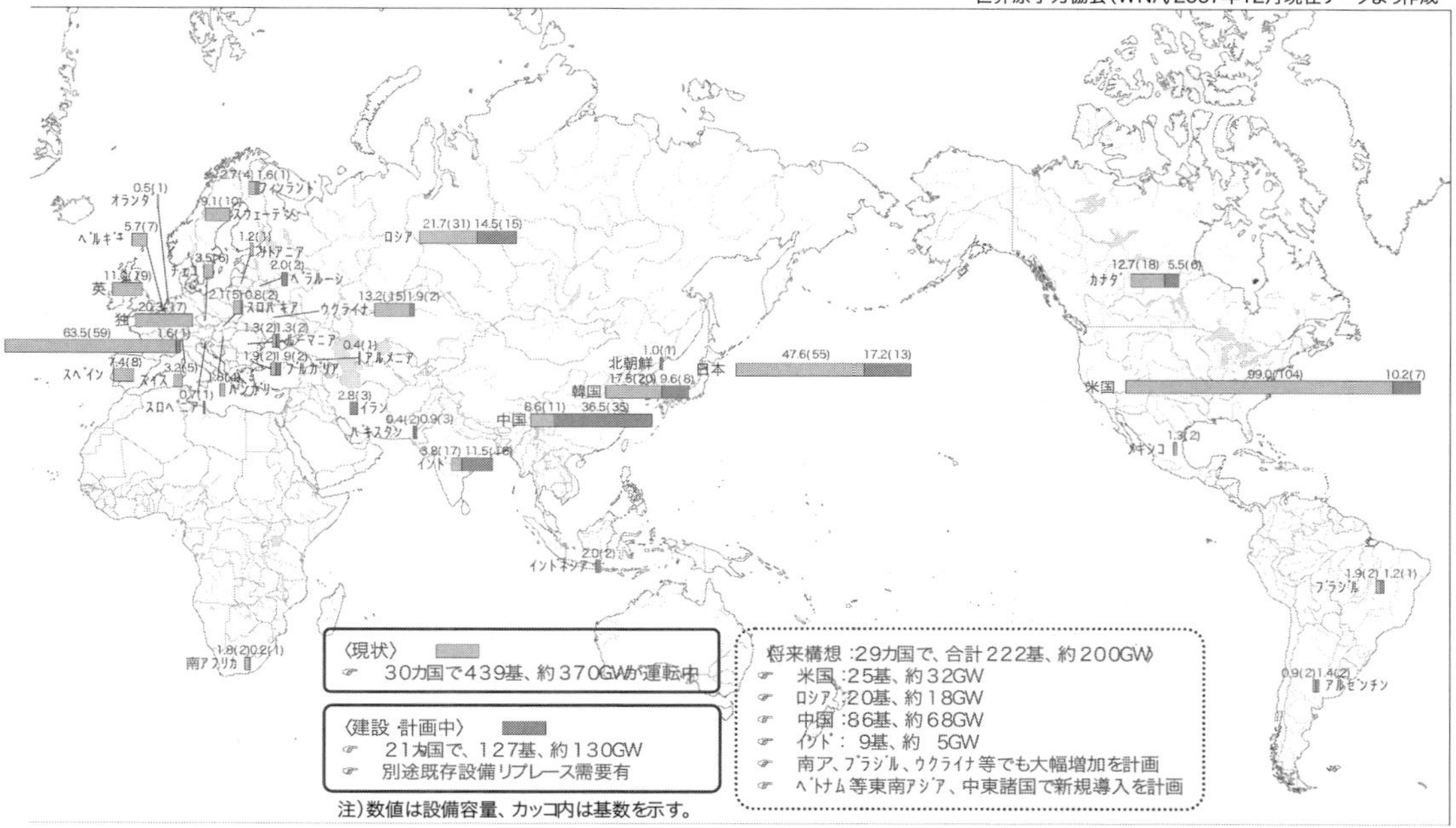

地球温暖化対策としての原子力エネルギーの利用拡大のための取組について」 参考データ

各国の電源比率

主要国の発電電力量と原子力発電の割合

（2004年）

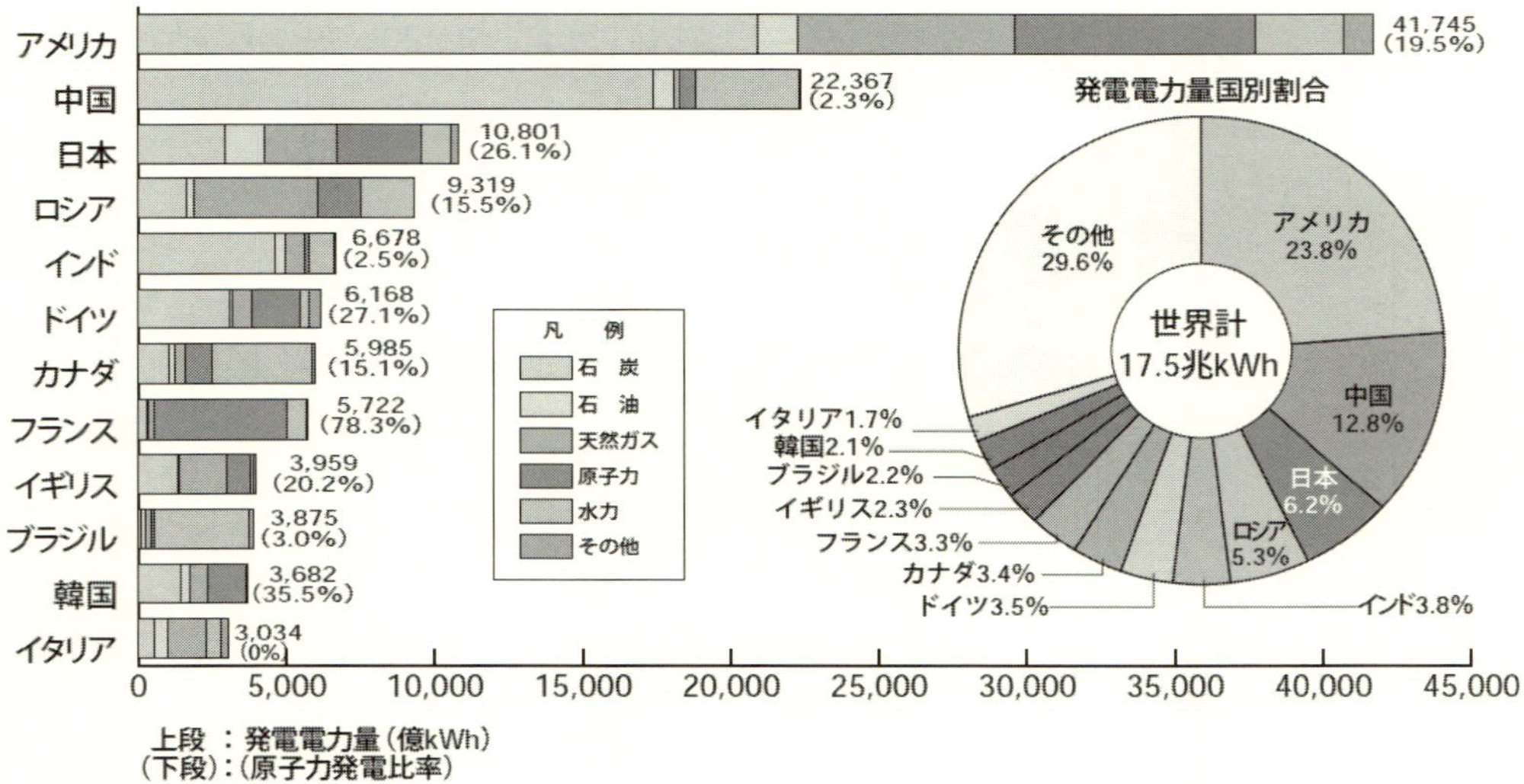

原子力・エネルギー図面集2007（電気事業連合会）より

出典：IEA Electricity Information 2006 Edition

地球温暖化対策としての原子力エネルギーの利用拡大のための取組について」 参考データ

各国のCO_2排出原単位

■ CO_2 排出原単位（発電端）の各国比較（電気事業連合会試算）

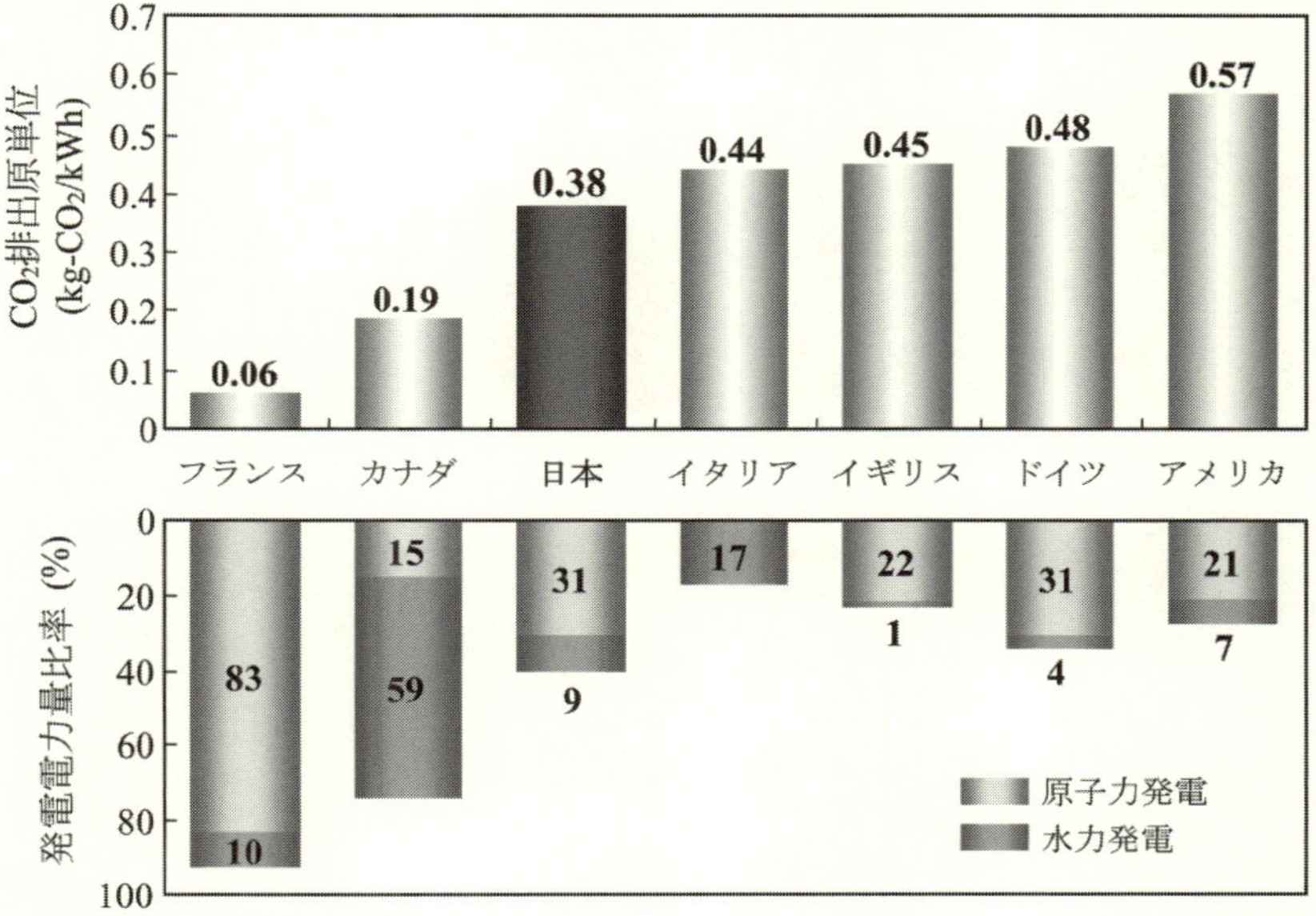

＊ 2005 年度の値
＊出典：Energy Balances of OECD Countries 2004-2005
＊日本については電気事業連合会調査より　　電気事業における環境行動計画（2007年9月電気事業連合会）より
地球温暖化対策としての原子力エネルギーの利用拡大のための取組について」 参考データ

〈著者略歴〉

西尾　漠（にしお　ばく）

NPO法人・原子力資料情報室共同代表。『はんげんぱつ新聞』編集長。1947年東京生まれ。東京外国語大学ドイツ語学科中退。電力危機を訴える電気事業連合会の広告に疑問をもったことなどから、原発の問題にかかわるようになって35年。主な著書に『原発を考える50話』（岩波ジュニア新書）、『脱！プルトニウム社会』『エネルギーと環境の話をしよう』（七つ森書館）、『プロブレムQ＆Aなぜ脱原発なのか？［放射能のごみから非浪費型社会まで］』、『プロブレムQ＆Aどうする？ 放射能ごみ［実は暮らしに直結する恐怖］』『プロブレムQ＆Aむだで危険な再処理［いまならまだ止められる］』（緑風出版）など。

プロブレムQ＆A

原発《げんぱつ》は地球《ちきゅう》にやさしいか

［温暖化防止に役立つというウソ］

2008年10月20日　初版第1刷発行　　定価1600円＋税
2011年　4月20日　初版第2刷発行

編著者　西尾　漠 ©
発行者　高須次郎
発行所　緑風出版
〒113-0033　東京都文京区本郷2-17-5　ツイン壱岐坂
〔電話〕03-3812-9420　〔FAX〕03-3812-7262　〔郵便振替〕00100-9-30776
［E-mail］info@ryokufu.com
［URL］http://www.ryokufu.com/

装　幀　堀内朝彦
組　版　R 企 画　　印　刷　シナノ・巣鴨美術印刷
製　本　シナオ　　用　紙　大宝紙業　　E2000

ISBN978-4-8461-0814-4　C0336